Professional
Chocolate
Technic

프로페셔널 초콜릿 테크닉

신태화 · 박영빈 · 박혜란
조승균 · 최익준 · 한장호

(주)백산출판사

머리말

베이커리 직종에 입문하여 현장 실무 35년, 대학교 겸임교수 15년, 전임교수 9년 어느덧 43년의 세월이 흘러가고 있지만 처음 시작할 때나 지금이나 빵을 만들고 케이크, 디저트를 만드는 것은 같다. 하지만 경제성장과 식생활의 변화로 국민의 식생활 수준이 높아지면서 빵, 과자 외에 초콜릿에 대한 관심 또한 높아지고 있기에 제품을 연구하고 고객이 원하는 새로운 제품을 만들어내는 것도 나의 의무이고 이것을 알고자 하는 분들께 전하여 즐겁게 해주는 것도 좋은 일이 아닌가. 저자는 일찍부터 빵, 과자, 초콜릿의 중요성을 깨닫고 사회교육기관, 대학교에서 만드는 방법을 보급하기 위해 앞장서 왔으며, 누구든지 어디서나 맛있는 빵, 디저트, 초콜릿을 만들 수 있다는 신념을 주고 있다.

오븐이 없어도 만들 수 있는 누구나 좋아하는 초콜릿을 이용한 제품과 학교에서 배우는 초콜릿 기초부터 실무에서 만들 수 있는 다양한 제품을 이 책을 통해 소개하고자 한다.

초콜릿이 많이 판매되는 발렌타인데이, 화이트데이를 비롯하여 언제나 주고 싶고 받고 싶은 사랑의 징표인 초콜릿!
초보자들이 쉽게 시도할 수 있도록 만드는 과정을 상세하게 소개했다. 우리 모두 초콜릿 전문가가 됩시다!

누군가 말했지요. 요리하는 뒷모습이 아름답다고… 이제는 빵, 과자, 초콜릿을 잘 만드는 사람이 세상에서 제일 아름다운 사람이라고 한답니다.
오늘은 내가 사랑하는 사람에게 초콜릿을 주는 날! 이 책을 보고 멋지게 만들어봅시다. 특급호텔에서 만드는 특별한 제품을 엄선하여 이 책에 소개했습니다.
한두 번 실패하더라도 포기하지 말고 다시 도전한다면 멋진 제품을 만들어 만족을 느낄 수 있을 것입니다.

끝으로 책이 나오기까지 많은 도움을 주신 백산출판사 진욱상 사장님과 편집부 선생님들께 깊은 감사를 드립니다. 멋지게 사진 촬영을 해주신 이광진 작가님, 늘 열정이 넘치는 이경희 부장님, 작품을 함께 만들어준 박영빈 교수님, 김혜연 팀장님께도 감사드립니다.

2025년 겨울에 저자 **신태화** 씀

Contents

Part 2 | 초콜릿 실전 마스터

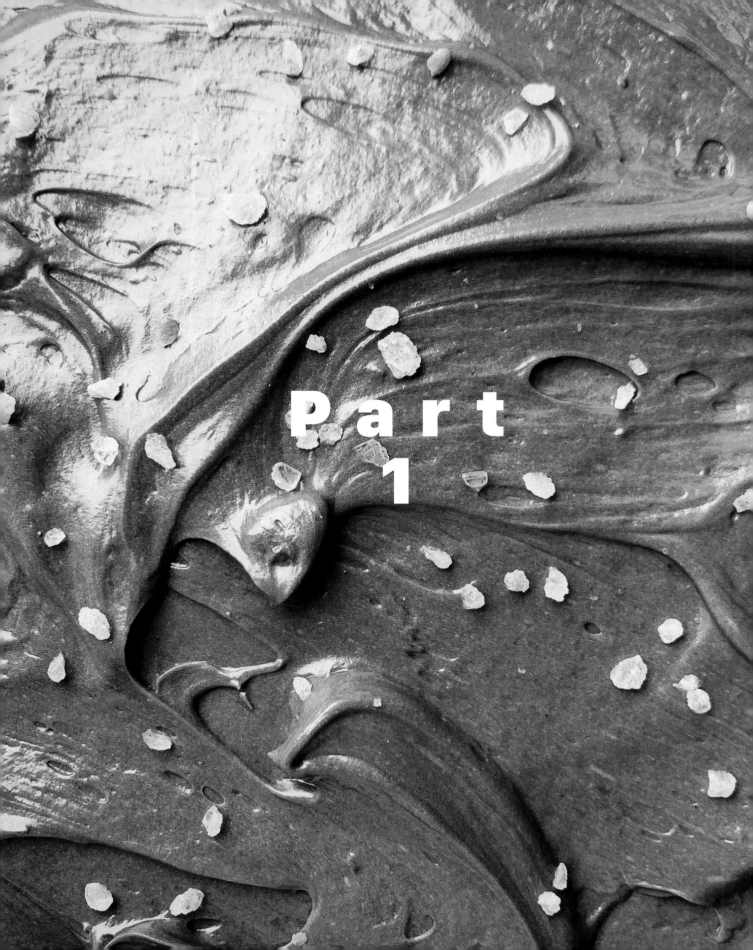

Part
1

초콜릿 기초와 원리

초콜릿 하면 떠오르는 단어는 사랑이다.

사랑을 처음 시작할 때 느끼는 감정은 초콜릿처럼 달콤하고 잊지 못하는 부분이 있다.

초콜릿은 기호 식품으로 음식이자 음료이다.

초콜릿을 사랑하는 마니아들이 세계 곳곳에 있을 정도로 매력적인 식품이기 때문에

초콜릿을 좋아하는 사람이 늘어나면서

초콜릿 만드는 법에 대한 관심이 높아지고 있으며,

초콜릿을 주제로 한 연구논문이 나오고 다양한 종류의 초콜릿이 생산되기 시작했다.

Chapter 1
초콜릿 시장의 성장

초콜릿 하면 떠오르는 단어는 사랑이다. 사랑을 처음 시작할 때 느끼는 감정은 초콜릿처럼 달콤하고 잊지 못하는 부분이 있다.

초콜릿은 기호 식품으로 음식이자 음료이다. 초콜릿을 사랑하는 마니아들이 세계 곳곳에 있을 정도로 매력적인 식품이기 때문에 초콜릿을 좋아하는 사람이 늘어나면서 초콜릿 만드는 방법에 대한 관심이 높아지고 있으며, 초콜릿을 주제로 한 연구논문이 나오고 다양한 종류의 초콜릿이 생산되기 시작했다.

원료인 카카오 성분에 가까운 진한 쓴맛의 초콜릿을 선호하는 사람도 늘어나고 있으며, 단맛보다는 카카오 성분이 많은 쓴맛 위주의 초콜릿이 건강에 유익하다는 정보도 있다.

카카오는 초콜릿 원료로 카카오나무 열매 안의 씨에서 추출하는데 카카오나무 한 그루엔 25~57개의 열매가 열리고 적도 근방의 고온다습한 기후 조건에서 주로 자란다.

품종은 크레올레 빈, 포라스테로 빈, 트리니타리오 빈 이렇게 세 종류로 나뉘며 빈은 열매를 뜻한다.

초콜릿을 처음으로 즐긴 사람들은 아즈텍 문명인이다. 중앙아메리카 지역인 현재의 멕시코 중앙 고원에 자리 잡은 아즈텍족은 수렵 생활을 했으나 이곳에 정착하면서 농경과 종교에 관심이 높았다.

그들의 농경문화 중 카카오나무는 특별히 인기 있는 작물로 오랫동안 재배되었다.

초콜릿의 원재료는 카카오 열매를 갈아 만든 음료 형태로 먹었으며, 초콜릿의 원료인 카카오 열매는 남아메리카 아마존강과 베네수엘라 오리노코강 유역이 원산지로 알려져 있다. 학명은 '테오브로마 카카오'이고 아즈텍 문명에서는 제사 지낼 때 카카오를 사용할 만큼 '신의 음식'으로 귀한 대접을 받았다.

유럽인들은 꿀, 설탕 등을 더해서 초콜릿을 마시기 시작했으며, 멀리서 가지고 왔기 때문에 초콜릿은 당시 사치품으로 알려졌고 지금 흔히 떠올리는 고체 형태의 초콜릿은 1847년에 등장했다.

영국의 프라이 앤 선즈라는 제과업체가 증기 기관을 이용한 기계로 판형 초콜릿을 만들어 내놓은 것이 대표적이다.

유럽에 초콜릿을 소개한 건 스페인이지만 발전시킨 건 스위스로 알려져 있다. 1819년 프랑수아 루이 카이예가 스위스에 최초의 초콜릿 공장을 세우고 1875년 카이예의 사위인 다니엘 페터가 세계 최초의 밀크초콜릿을 만들었고 이후 스위스는 초콜릿 산업을 발전시켜 대표적인 초콜릿 수출국이 되었다.

스위스 사람들은 초콜릿을 많이 먹는 걸로도 유명하다. 연간 소비량이 세계 1위로 글로벌 데이터업체 스태티스타에 따르면 스위스 사람들은 연간 11.8kg(2022년 기준)을 소비한다고 알려져 한국인 1인당 소비량(700g)의 최소 15배가 넘는 것으로 나타났다.

초콜릿은 언제 한국에 들어왔을까? 많은 설이 있지만 두 가지 설(說)이 설득력을 얻고 있다. 하나는 조선시대 러시아 공관의 부인이 명성황후에게 초콜릿을 선물로 바쳤다는 것이다. 하나는 대한제국 시절 외빈 접대를 맡은 손탁 씨가 초콜릿을 소개해 명성황후가 처음 맛을 봤다는 설이 있다.

한국인들에게 초콜릿의 달콤함이 널리 퍼진 건 6·25 전쟁 때 170만 명이 넘는 미군들이 한국에 들어와 아이들에게 초콜릿을 나누어주면서 많이 알려졌고 일반인에게도 퍼졌다.

국내 초콜릿 시장은 이미지 변신을 통해 계속 성장하고 있다. 과거에는 초콜릿이 단순히 달콤하기만 한 간식에 머물렀다면 최근에는 소포장과 재료의 고급화, 기능성 성분 함유 등을 통해 프리미엄 디저트로 변화되고 있다.

2024년 시장조사기관 유로모니터에 따르면 지난해 전 세계 초콜릿 시장 규모는 1,234억 8,900만 달러(약 162조 원)로 1년 전(1,135억 8,300만 달러)과 비교해 8.7% 성장한 것으로 집계됐다. 초콜릿은 코로나19 팬데믹 기간 심리적 위안을 줄 수 있는 제품으로 주목받으며 소비가 증가했는데, 이로 인해 2019년 961억 7,100만 달러(약 126조 원) 수준이던 초콜릿 시장은 지난해까지 4년간 연평균 6.5%의 성장률을 나타내고 있다.

최근 기후 변화로 인하여 전 세계적으로 커피 원두와 카카오 열매 등은 극한 기후로 인해 작황이 부진해지면서 3년 전부터 가격이 지속해서 상승하고 있다. 한국농수산식품유통공사에 따르면 인스턴트커피에 들어가는 비교적 값싼 로부스타 커피의 국제 가격은 2021년 t당 평균 1,776달러에서 작년 4,088달러로 2.3배 상승했다. 이는 주 생산지인 베트남과 인도네시아에서 엘니뇨로 인한 극심한 가뭄으로 수확량이 대폭 줄어들었기 때문이다. 또한 초콜릿의 핵심 원료인 코코아(Cocoa) 가격이 2021년 t당 2,494달러에서 2024년 7,711달러로 3배 이상 상승하며 사상 최고가를 기록하고 있다. 이는 코코아 분말을 만드는 전 세계 카카오 열매의 70% 이상이 생산되는 가나와 코트디부아르 등 서아프리카에서 빈번한 가뭄과 홍수로 생산량이 급감했기 때문이다. 따라서 2025년 초콜릿 가격도 최고치에 근접할 것으로 예상된다.

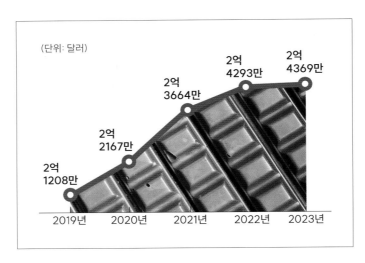

초콜릿 수입액 추이

Chapter 2
초콜릿

1. 초콜릿(영 Chocolate, 프 Chocolat, 독 Schokolade)

카카오빈(Cacao Bean)을 주원료로 하며, 카카오버터, 설탕, 유제품 등을 섞은 것이다.

독특한 쓴맛과 입안에서 부드럽게 녹는 맛이 특징이다. 적도를 중심으로 남북 20도 사이의 지역에서만 생육하는 카카오는 오동나무과의 고목으로 학명은 Amygdala Pecuniaria이다. 원산지는 남아프리카 브라질의 아마존강 상류와 베네수엘라의 오리노코강 유역이다.

스웨덴 식물학자 린네는 1720년 카카오나무에 Theobroma Cacao. L.(신神으로부터 선물받은 음식물)이라 했다. 의미는 Theo=신, Broma=음식, 즉 열매(카카오 포드, Cacao Pod) 속의 종자, 즉 카카오 시드(Cacao Seeds)이다.

2. 초콜릿의 어원 및 기원

초콜릿(Chocolate)이란 말은 마야의 언어 'Xocoatl'에서 유래하여 멕시코어로는 Choco(-Foam: 거품)와 Atl(Water: 물)의 합성어다.

기원전 1000년 이전부터 중앙아메리카에서 최초로 문명을 일으켰던 올멕(Olmecs)족은 멕시코만 접경의 고온 다습한 저지대에 살았으며, 최초로 카카오 이용 방법을 알게 되었다. 이후 남부에 살고 있던 마야족 역시 카카오빈을 으깨어 음료로 마시고, 성벽의 돌에 카카오 포드를 새겨넣는 등 카카오를 이용하게 되었다.

1502년 크리스토퍼 콜럼버스가 처음으로 카카오빈(Cacao Bean)을 여러 종류의 농산물과 함께 스페인으로 갖고 들어온 것이 유럽으로 처음 반입되었다.

하지만 그 당시 그는 카카오의 가치를 잘 몰랐다.

1519년 스페인의 에르난도 코르테스가 멕시코의 아즈텍을 점령하면서 카카오를 음료로 마시는 방법을 알게 되었고 그 가치가 상업적으로 발전하게 되었다.

이후 카카오빈은 스페인의 식민지였던 멕시코, 에콰도르, 베네수엘라, 페루, 자메이카, 도미니카공화국 등으로 그 생산지가 확대되어 전 세계적으로 퍼져나가게 되었다.

1580년에는 스페인에 카카오나무가 처음 심어졌고, 이후 유럽 전역에 퍼져 동남아시아, 라틴 아메리카, 아프리카를 중심으로 그 생산지가 확대되었다.

당시 아즈텍 문명은 카카오빈을 화폐로 사용하여 공물이나 세금으로 내는 등 금전과 똑같이 취급하였고 실제로 카카오빈 10알로는 토끼 한 마리를, 100알로는 노예 한 사람을 살 수 있었다고 전해진다. 또한 피로 해소 음료, 자양강장제로 쓰이면서 그 가치가 더욱 높아졌다.

유럽으로 전해진 초콜릿은 왕족과 귀족 등 특권층만 먹을 수 있었으며, 카카오 열매를 빻아서 물에 탄 음료수(초코라트)는 '신이 마시는 음식'이라 불리었다. 이후 쓴맛을 보완하기 위해 우유나 꿀, 향을 첨가하여 마시게 되었고, 유럽 사람들은 처음 본 초콜릿의 신선한 맛뿐만 아니라 이뇨제, 화상치료제, 감기치료제, 탈모 개선 등의 치료 효과에도 매혹되었다.

3. 카카오란 무엇인가?

카카오는 신의 음식이라 불리는 카카오나무의 열매를 말하며, 카카오는 약 3000년 전 올멕 문명의 올멕어인 Kakawa로부터 유래되었다.

카카오 포드라는 열매 속에는 카카오빈이 가득차 있는데 이 카카오빈의 안쪽 부분을 먹는 데 사용한다.

또한 특유의 쓴맛을 가지고 있는데 이는 카카오에만 들어 있는 데오브로민 성분 때문이다. 씨육을 갈아서 만든 카카오매스에 다양한 재료를 넣고 섞어 굳히면 초콜릿이 된다. 물에 잘 섞이게 만든 상품명인 코코아가 많이 알려져 카카오와 코코아를 혼용해 부르지만 정확한 표현은 카카오다.

4. 카카오나무

카카오나무의 학명은 테오브로마 카카오(Theobroma Cacao)로 '신의 음식'이라는 뜻이 있으며, 카카오나무의 성장환경은 매우 중요하다. 최근 기후 변화로 많은 어려움을 겪고 있다. 섭씨 20℃ 이상의 따뜻한 온도와 연간 200ml 이상의 강수량이 일정하게 유지되어야 하고 북위 20도와 남위 20도 사이에서만 열매를 맺는다. 또한 뜨거운 태양 빛과 바람을 피하여 다른 나무의 그늘 밑에서 가장 잘 자라며, 그늘에서 자란 카카오나무는 75~100년 이상 카카오 열매를 생산할 수 있다.

5. 카카오의 주요 생산지

고급 카카오는 라틴 아메리카와 캐리비안 지역에서 80%, 아시아 지역에서 18%, 아프리카 지역에서 2%를 생산하고 있다. 에콰도르는 세계 고급 카카오 시장의 65%를 차지하고 있고 콜롬비아, 인도네시아, 베네수엘라, 파푸아뉴기니가 나머지 30%, 그 외의 국가에서 마지막 5%를 생산하고 있다. 특히 에콰도르의 암바(Amba) 생산량은 세계 고급 카카오 시장의 5%를 공급하고 있다. 베네수엘라는 최고급으로 평가되는 크리올로종을 생산하는데 1940년 이후 많은 사람이 유전사업장으로 이동하면서 생산량이 급격하게 줄었다. 하지만 많은 크리올로종들이 프리미엄 초콜릿에 쓰이고 있다.

6. 카카오의 주성분

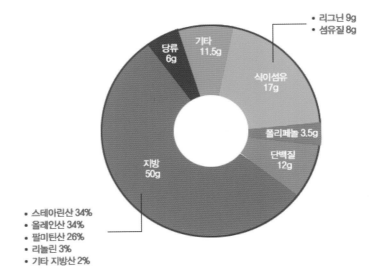

- 리그닌 9g
- 섬유질 8g

기타 11.5g
당류 6g
식이섬유 17g
폴리페놀 3.5g
단백질 12g
지방 50g

- 스테아린산 34%
- 올레인산 34%
- 팔미틴산 26%
- 리놀린 3%
- 기타 지방산 2%

7. 카카오의 종류

① 크리올로(Criollo)

중앙아메리카 아즈텍산으로 부드러운 맛이 나고 전 세계 생산량의 5~8%를 차지하며, 카카오의 왕자라고도 불린다. 최고의 향과 맛을 가지고 있기에 전체 카카오 재배지역의 5% 이하로 병충해에 약하고 수확하기가 어렵다.

중앙아메리카의 카리브해 일대, 베네수엘라, 에콰도르 등에서 주로 재배된다.

② 포라스테로(Forastero)

아마존 유역과 아프리카에서 많이 생산되고 있으며, 'Robusta du Cacao'라 불리기도 한다. 쓴맛이 강하고 가장 일반적인 종으로 전체 생산량의 약 70%를 차지한다. 거의 모든 초콜릿 제품의 원료로 쓰이면서 생산성이 높고 고품질인 이 제품은 세계적으로 가장 많이 재배되고 있다. 주로 브라질과 아프리카에서 재배되며 신맛과 쓴맛이 좀 강한 편이다.

③ 트리니타리오(Trinitario)

크리올로와 포라스테로의 교배종으로 유지 함량이 월등히 높으며, 전체 생산량의 15~20%를 차지하고 있다. 크리올로의 뛰어난 향과 포라스테로의 높은 생산성을 가지고 있다. 또한, 여러 다른 종과 섞어서 다양한 맛의 초콜릿으로 변형하여 사용한다.

8. 카카오의 수확에서 초콜릿이 되기까지

① 수확

카보스(Cabosse 카카오 포드)라고 불리는 카카오 열매는 덥고 습한 열대우림 지역(남·북위 20° 사이)에서 자라 일 년에 2번씩 열매를 맺는다. 럭비공 모양으로 자란 열매는 색과 촉감으로 익은 정도를 파악하고 수확하는데, 카카오빈은 아몬드 정도의 껍질을 쪼개어서 카카오 원두만을 꺼내 다시 원두를 한 알 한 알 수작업으로 떼어낸다.

② 발효

채취한 카카오 원두는 1~6일 동안 발효과정을 거친다.
종자에 따라 발효 시간이 다르다. 발효는 다음의 세 가지 목적으로 한다.
가) 카카오 원두 주위를 감싸고 있는 하얀 과육을 썩혀서 부드럽게 만들어 취급하기 쉽게 한다.

나) 발아하는 것을 막아서 원두의 보존성을 좋게 한다.

다) 카카오 특유의 아름다운 짙은 갈색으로 변하여 원두가 통통하게 충분히 부풀어 쓴맛과 신맛이 생기면 향 성분을 증가시킨다. 발효에는 충분한 온도(콩의 온도가 50℃ 정도)가 필요하고 전체적으로 골고루 발효시키기 위해서는 공기가 고르게 닿도록 원두를 정성껏 섞어야 한다.

③ 건조

발효시킨 카카오 원두는 수분량이 60% 정도지만 이것을 최적의 상태로 보관하고 관리하기 위해서는 원두 구매 시 수분을 8% 정도까지 내릴 필요가 있다. 그래서 이 작업이 필요하며, 카카오 원두를 커다란 판 위에 펼쳐 놓고 약 2주간 햇볕에 건조시킨다. 건조를 거친 카카오 원두는 커다란 포대에 담아서 세계 각지로 수출한다.

④ 선별, 보관

초콜릿 공장에 운반된 카카오 원두는 우선 품질 검사부터 한다. 홈이 파인 가늘고 긴 통을 포대 끝에 꽂아서 그 안에 들어 있는 카카오 원두를 꺼낸 후 곰팡이나 벌레 먹은 것이 없는지, 발효가 잘 되었는지 등을 자세히 살펴본 후 온도가 일정하게 유지되는 청결한 장소에 보관한다.

⑤ 세척

카카오 원두는 팬이 도는 기계에 돌려서 이물질과 먼지를 제거하고 체에 쳐서 조심스럽게 닦는다.

⑥ 로스팅

카카오 원두는 로스팅을 한다. 이것은 수분과 휘발성분인 타닌(Tannin)을 제거하며, 색상과 향이 살아나게 한다. 카카오빈의 종류와 수분함량에 따라 차이를 두며 로스팅을 한다.

⑦ 분쇄

로스팅이 끝나면 카카오 원두는 홈이 파인 롤러로 밀어서 곱게 해준다. 주위의 딱딱한 껍질이나 외피는 바람으로 날리고, 카카오닙스(Cacao Nibs)라고 불리는 원두 부분만 남긴다.

⑧ 배합

초콜릿의 품질을 알 수 있는 중요한 과정의 하나가 블렌드(Blend) 작업이다. 여러 종류의 카카오를 각 제조회사에서 선택한 후, 배합 설정을 해서 만든다.

⑨ 정련

카카오닙스(Cacao Nibs)에는 지방분(코코아버터)이 55%나 함유되어 있으며, 이것을 갈아 으깨면 걸쭉한 상태의 카카오매스(Cacao Mass)가 만들어진다. 블랙 초콜릿은 카카오매스에 설탕과 유성분, 화이트초콜릿은 카카오버터에 설탕과 유성분을 넣어 기계로 섞어 만든다. 세로로 쌓인 실린더(Cylinder : 필름 모양의 매트가 붙은 롤러) 사이에서 초콜릿이 으깨어져서 윗부분으로 감에 따라 고운 상태가 되고, 0.02mm의 입자가 될 때까지 섞어서 마무리한다. 별도의 작업으로 카카오매스를 프레스 기계에서 돌리면 카카오버터와 카카오의 고형분으로 만들어지는데 이 고형분을 다시 섞어서 한 번 냉각시켜 굳혀서 가루 상태로 만든 것을 카카오파우더라 한다.

⑩ 콘칭

반죽을 저어 입자를 균일하게 하는 공정으로 휘발성 향 제거와 수분감소 향미 증가 및 균질화의 효과를 얻는다. 매끄러운 상태가 된 초콜릿은 다시 콘체(Conche)라고 불리는 커다란 통에 넣어 반죽한다. 통은 봉 두 개로 끊임없이 섞으면서 약 24~74시간 동안 50~80℃에서 숙성시킨다. 이 시점에서 초콜릿의 상태를 보아서 좀 더 매끄러워야 하면 카카오버터를 첨가하며, 반죽하여 숙성하는 시간은 초콜릿의 종류에 따라 다르다. 특히 '그랑 크뤼(Grand Cru)'라고 불리는 고급 초콜릿을 만드는 데 중요한 작업으로 벨벳 같은 촉감과 반지르르한 윤기는 이렇게 만든다.

⑪ 온도 조절과 성형

마지막으로 기계 안에서 초콜릿은 온도 조절(템퍼링)이 되고 안정화한 후, 컨베이어 시스템에 올려진 틀에 부어서 냉각시킨 후 틀에서 꺼내 포장한다.

⑫ **포장 및 숙성**

은박지나 라벨로 포장하여 케이스에 담고 적당히 조정된 창고 안에서 일정 기간 숙성시킨다. 이렇게 해서 초콜릿이 완성되어 시장으로 유통된다.

9. 초콜릿의 종류

초콜릿의 종류는 크게 코코아 가공품과 초콜릿류로 구분된다.

코코아 가공품은 테오브로마 카카오(Theobroma Cacao)의 씨앗으로부터 얻은 코코아매스, 코코아버터, 코코아파우더에 식품 또는 식품 첨가물을 넣고 가공한 것을 말하며, 초콜릿류는 다크초콜릿, 밀크초콜릿, 화이트초콜릿, 준초콜릿, 초콜릿 가공품을 말한다.

① 코코아 가공품

코코아 가공품은 카카오 씨앗으로부터 얻은 코코아매스, 코코아버터, 코코아파우더와 이를 주원료로 하여 가공한 기타 코코아 가공품을 말한다.

제조가공 기준에 의하면, 알코올을 원칙적으로는 첨가할 수 없으나 풍미 증진의 목적으로 1% 미만까지는 허용하고 있다.

코코아 가공품을 좀 더 살펴보면 다음과 같다.

가) 코코아매스: 카카오 씨앗의 껍질을 벗겨 곱게 분쇄한 분말, 반유동성의 것 또는 이것을 경화한 덩어리 상태의 것을 말한다.

나) 코코아버터: 카카오 씨앗의 껍질을 벗긴 후 압착 또는 용매 추출하여 얻은 지방을 말한다.

다) 코코아파우더: 카카오 씨앗을 볶은 후 껍질을 벗겨서 지방을 제거한 덩어리를 분말화한 것을 말한다.

라) 기타 코코아 가공품: 카카오 씨앗을 압착, 분쇄 등 단순 가공한 것이거나, 코코아매스, 코코아버터, 코코아 분말 등 카카오 씨앗에서 얻은 원료에 식품 또는 식품 첨가물 등을 혼합하여 제조·가공한 것을 말하며, 초콜릿류, 과자류, 빵류 또는 떡류, 빙과류에 속하는 것은 제외한다.

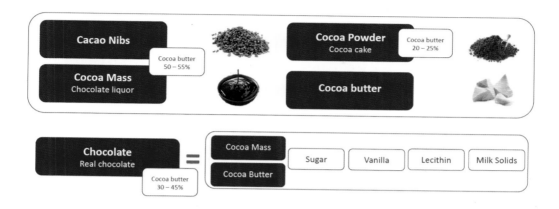

② 초콜릿류

초콜릿이란 코코아 가공품에 식품 또는 식품 첨가물을 가하여 가공한 다크초콜릿, 밀크초콜릿, 화이트초콜릿, 준초콜릿, 초콜릿 가공품을 말한다.

초콜릿류 식품의 유형은 다음과 같다.

가) 다크초콜릿: 코코아 가공품류에 식품 또는 식품 첨가물 등을 가하여 가공한 것으로서 카카오 함량이 높고, 달콤함보다는 쌉싸름한 맛이 특징인 초콜릿으로 코코아 고형분 함량 30% 이상, 코코아버터 18% 이상, 무지방 코코아 고형분 12% 이상을 말한다. 다

크, 엑스트라, 파인, 슈페리어 등의 수식어는 카카오 함량 최소 43%, 그중 26%의 카카오버터를 함유하고 있음을 뜻한다. 이는 프랑스에서 판매되는 판형 초콜릿 대부분에 적용된다.

나) 밀크초콜릿: 코코아 가공품류에 식품 또는 식품 첨가물 등을 가하여 가공한 것으로 카카오매스에 우유나 우유 분말을 추가해 부드럽고 크리미한 맛을 내는 초콜릿으로 코코아 고형분 20% 이상, 우유 및 유제품 14% 이상인 것을 말한다.

슈페리어, 엑스트라, 파인 밀크초콜릿이나, 시식용 밀크초콜릿은 최소 30%의 카카오,

18%의 우유 및 유제품 건조 성분을 함유한다.

다) 화이트초콜릿: 코코아 가공품류에 식품 또는 식품 첨가물 등을 가하여 가공한 것으로 카카오매스 대신 카카오버터만을 사용하며, 우유와 설탕이 들어가고 코코아 고형분이 없어 초콜릿이라고 부르는 데 논란의 여지가 있으나, 부드럽고 달콤한 맛으로 많은 사랑을 받는 초콜릿이다. 또한 다양한 색소를 사용하여 색깔을 낼 수 있는 화이트초콜릿은 코코아버터를 20% 이상 함유하고, 유고형분이 14% 이상(유지방 2.5% 이상)인 것을 말한다.

라) 준초콜릿: 코코아 가공품류에 식품 또는 식품 첨가물 등을 가하여 가공한 것으로서 코코아 고형분 함량 7% 이상인 것을 말한다.

마) 초콜릿 가공품류: 견과류, 캔디류, 비스킷류 등 식용 가능한 식품에 앞의 초콜릿, 밀크초콜릿, 화이트초콜릿, 준초콜릿의 초콜릿류를 혼합, 코팅, 충전 등의 방법으로 가공한 복합제품으로서 코코아고형분 함량 2% 이상인 것을 말한다.

우리나라의 경우 모든 초콜릿류에서 타르색소가 검출되어서는 안 된다. 이 부분이 외국의 경우와 다르다. 그래서 초콜릿용 색소 중 해외에서는 사용할 수 있지만, 우리나라에서는 사용할 수 없는 경우가 많다. 색소를 사용하려면 색소마다 타르색소가 섞여 있는지를 반드시 확인하는 것이 중요하다. 실제로 무시하고 사용했다가 적발된 사례가 있다.

	다크	밀크	화이트
코코아매스			
코코아버터			
설탕			
분유			

③ 커버춰 초콜릿(Coverture Chocolate)

커버춰 초콜릿은 프로페셔널 쇼콜라티에(Chocolatier)와 빠띠씨에(Pâtissier) 등이 사용하는 고품질의 초콜릿을 말한다. 커버춰 초콜릿은 템퍼링(Tempering) 작업이 이뤄지지 않아 손의 열기만으로도 쉽게 녹는다. 반짝거리고 윤기 있는 초콜릿이 아니기 때문에 다양한 관련 작업을 하기에 어렵다. 커버춰라는 이름은 디저트를 만들거나 디핑 프랄린, 봉봉 초콜릿을 만들 때 초콜릿으로 감싸주는 일련의 작업을 거칠 때 초콜릿을 사용하였기 때문에 붙여진 이름이다. 커버춰 초콜릿은 녹여서 작업하기 편하게 작은 알갱이 형태, 또는 작은 사탕 모양으로 만들어져 유통되지만 크기가 큰 판 또는 블록 형태로도 판매되고 있다.

커버춰 초콜릿은 카카오버터가 31% 이상 들어 있고, 카카오매스가 35% 이상 들어 있는 리얼초콜릿이다. 팜유나 코코넛유 같은 다른 식물성 유지는 들어 있지 않고, 배합 방식에 따라 크게 3가지로 나눌 수 있다.

가) 다크 초콜릿: 커버춰 초콜릿 중 수요와 종류가 가장 많은 제품이다. 카카오매스, 카카오 버터, 설탕, 레시틴 등을 넣어 만든다.

나) 밀크초콜릿: 다크초콜릿에 약 20% 정도의 분유를 첨가한다.

다) 화이트초콜릿: 카카오버터에 설탕, 분유 다른 첨가제들을 넣어 만든다.

④ 형태에 따른 초콜릿 분류

가) 판초콜릿: 정사각형이나 직사각형 틀에 원료를 부어 굳힌 초콜릿. 흔히 초콜릿 하면 떠오르는 가나초콜릿, 판초콜릿 위에 갖가지 토핑을 올린 바크초콜릿 등이 여기에 해당하며 대부분의 저렴한 초콜릿도 여기에 포함된다.

나) 파베 초콜릿: 생크림을 넣은 초콜릿을 사각 틀에 넣어 굳혀서 한입 크기로 자른 후 카카오 가루 등의 가루를 묻힌 초콜릿. 로이즈의 나마초콜릿이 여기에 해당한다.

다) 몰딩 초콜릿: 원료를 틀에 부어 굳힌 초콜릿, 동전 모양 호일에 포장된 코인초콜릿 등이 여기에 해당한다. 넓은 범위로 보면 몰드를 사용하여 만드는 초콜릿은 모두 여기에 해당한다.

라) 프랄린(셸 초콜릿): 초콜릿으로 겉껍질을 만들고 안쪽에 가나슈나 리큐르, 과일 등의 다양한 재료를 채운 초콜릿으로 속에 넣는 재료의 종류에 따라 상품명이 다르기에 고디바의 프랄린(프랄리네)도 여기에 속한다.

마) 트러플: 초콜릿과 생크림을 섞은 가나슈를 주원료로 한 초콜릿을 코코아파우더, 슈거파우더, 녹차 파우더 등의 가루에 굴려서 만든다. 생크림을 사용하여 매우 부드러운 식감을 가지고 있다.

바) 엔로브 초콜릿: 비스킷이나 웨하스, 과일 등에 초콜릿을 씌운 것을 말하며, 빼빼로, 오랑제티가 여기에 속한다.

사) 홀로 초콜릿: 속이 비어 있는 초콜릿을 말하며, 서양에서는 부활절, 할로윈, 크리스마스 등의 행사에 많이 만든다.

아) 팬워크초콜릿: 견과류 종류에 초콜릿을 입히고 설탕으로 코팅한 알갱이 모양의 초콜릿을 말한다.

10. 초콜릿의 품질 및 사용범위

초콜릿의 품질은 원재료인 카카오 원두 선별부터 시작하여 로스팅, 분쇄, 콘칭 등 각 제조 공정의 정확성과 노력에 따라 결정된다. 카카오버터 함량이 높을수록 초콜릿은 부드럽고 매끈해지며, 설탕이 많이 들어갈수록 쓴맛이 줄어든다. 습기와 냄새를 피해 약 18℃의 서늘한 곳에 보관 시 몇 달간 유지가 가능하다.

케이크와 앙트르메용으로는 카카오 함량이 높은 초콜릿을 사용하는 것이 좋으며, 무설탕 카카오를 추가로 넣어 더욱 진한 초콜릿 풍미를 내기도 한다. 특별한 용도인 광택제, 퐁당, 데커레이션, 글레이즈 등을 만들 때는 커버춰 초콜릿을 사용한다.

초콜릿케이크의 기본을 이루는 것은 보통 비스퀴, 제누아즈 등의 스펀지 또는 머랭이다. 크렘 파티시에나 프렌치 버터크림에 초콜릿을 넣기도 하는데, 이런 크림들은 특히 에클레어나 슈의 필링용으로 사용한다.

초콜릿은 아이스크림과 소르베 등의 빙과류에 맛을 내는 용도뿐 아니라 익혀 만드는 크림류, 작은 용기에 넣어 굳혀 먹는 크림 디저트에도 사용한다. 또한 쿠키류, 수플레, 다양한 무스, 소스를 만들 때도 초콜릿을 사용할 수 있다. 그 외에 초콜릿은 과자류 제조에서 샌드 크래커의 필링용 크림이나 비스킷 글레이징 등으로 사용한다. 비에누아즈리에서는 팽 오 쇼콜라에

들어가며 한입 크기 부셰, 봉봉, 트러플 초콜릿, 로셰, 캐러멜, 토피, 체리봉봉, 오랑제트, 발렌타인데이, 크리스마스, 만우절 초콜릿, 부활절 달걀 모양 초콜릿 등 다양한 행사제품을 만드는 데 사용하고 있다.

1) 초콜릿의 블룸(Bloom) 현상

초콜릿 블룸은 크게 팻 블룸과 슈거 블룸으로 나눌 수 있다.

팻 블룸은 초콜릿 표면에 하얀 곰팡이와 같은 얇은 막이 생기는 현상이고 슈거 블룸은 제품을 습도가 높은 곳에 보관하거나 표면에 물방울이 묻으면 초콜릿 속에서 설탕을 녹여 수분이 증발하면서 설탕이 재결정되어 반점이 생기는 것을 말한다. Bloom이란 '化'라는 의미로 초콜릿 표면에 하얀 무늬가 생기거나 하얀 가루를 뿌린 듯이 보이거나 하얀 반점이 생긴 것이 꽃과 비슷한 데서 이름이 붙여졌다. 이렇게 되는 현상은 카카오버터가 원인인 'Fat Bloom'과 설탕이 원인인 'Sugar Bloom'이 있다.

① Fat Bloom(팻 블룸)

굳히는 속도가 느리고 충분히 굳히지 않으면 늦게 고화하는 지방의 분자들이 표면에 결정을 이뤄 초콜릿 표면에 하얀 얇은 막이 생기며 곰팡이 핀 것처럼 보인다. 취급하는 방법이 적절하지 않거나 제품의 온도 변화가 심한 곳에 저장할 때도 생길 수 있다. 또한 초콜릿이 열을 받아 초콜릿에 함유되어 있던 유지가 표면으로 올라와 생기는 현상과 초콜릿 작업 과정에서 적정 온도보다 높으면 유지가 굳으며 표면이 하얗게 된다. 먹어도 문제는 없지만, 식감이 좋지 않고 잘 굳지 않으며 손으로 만지면 잘 녹는다.

② Sugar Bloom(슈거 블룸)

습기가 높은 환경에서 작업하거나 보관된 초콜릿의 설탕 입자가 녹으면서 표면으로 올라와 하얗게 보이는 현상으로 제품을 습도가 높은 장소에 오랫동안 보관하거나 급작스러운 온도 변화가 있을 경우에 일어난다. 여름 초콜릿에서 흔히 발견되며, 18~20℃의 건조한 곳에 보관하면 예방할 수 있다.

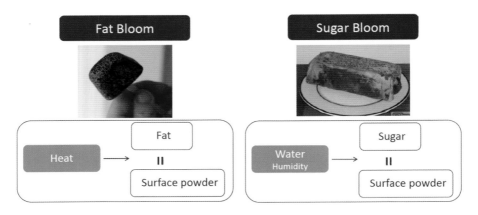

Chocolate Bloom

2) 초콜릿 보관할 때 주의사항

① 직사광선이 없는 20℃ 이하에서 보관하며, 25℃가 넘으면 팻 블룸이 생길 가능성이 크다.

② 65% 이하의 습도를 유지해야 하며, 이상일 경우 슈거 블룸이 생길 가능성이 크다.

③ 냄새가 없고 청결한 곳에 보관해야 한다.

④ 장기간 보관하기 위해 냉동고나 냉장고 넣어도 안 된다.

11. 국내 초콜릿 용어 정의

초콜릿류라 함은 테오브로마 카카오(Theobroma Cacao)나무의 종실에서 얻은 코코아 원료(코코아버터, 코코아매스, 코코아분말 등)에 다른 식품 또는 식품 첨가물 등을 가하여 가공한 것을 말한다. 좀 더 살펴보면 아래와 같다.

① 초콜릿

코코아 원료에 당류, 유지, 유가공품, 식품 또는 식품 첨가물 등을 가하여 가공한 것으로서 코코아원료 함량 20% 이상(코코아버터 10% 이상)인 것

② 밀크초콜릿

코코아 원료에 당류, 유지, 유가공품, 식품 또는 식품 첨가물 등을 가하여 가공한 것으로서 코코아 원료 함량 12% 이상, 유고형분 8% 이상인 것

③ 준초콜릿

코코아 원료에 당류, 유지, 유가공품, 식품 또는 식품 첨가물 등을 가하여 가공한 것으로서 코코아 원료 함량 7% 이상인 것. 또는 코코아버터를 2% 이상 함유하고 유고형분 함량 10% 이상인 것을 말함

④ 초콜릿 가공품

넛류, 캔디류, 비스킷류 등 식용 가능한 식품에 초콜릿, 밀크초콜릿이나 준초콜릿을 혼합, 피복, 충전, 접합 등의 방법으로 가공한 것

Chapter 3
초콜릿에 사용하는 다양한 리큐르와 견과류 및 과일

증류주에 과실, 과즙, 약초, 향초 등을 넣고 설탕 같은 감미료와 착색료를 더해 만든 술. 리큐르는 그냥 마시는 것 외에 제과용이나 칵테일용으로 이용되고 있다.

초콜릿 제품의 맛을 높이고 향을 주기 위한 목적으로 사용한다. 리큐르가 지닌 맛과 향 및 특성을 고려하여 각종 크림, 소스, 젤리, 디저트 등에 사용한다. 주류는 크게 양조주, 증류주, 혼성주로 구분한다.

1. 증류주

양조주를 증류하여 순도 높은 주정을 얻기 위해 1차 발효된 양조주를 다시 증류시켜 알코올 도수를 높인 술이다. 브랜디, 위스키, 럼, 진, 보드카, 테킬라 등이 있다.

① 브랜디(Brandy)

과실주를 증류하여 얻은 증류주를 오크통에 넣어 오랜 기간 숙성시킨 술이다. '코냑'으로 더 많이 알려진 브랜디는 과일의 발효액을 증류시켜 만든 술이며, 어떤 원료를 사용하는지에 따라 포도 브랜디, 사과 브랜디, 체리 브랜디 등으로 나눈다.

이 중 포도로 만든 브랜디의 질이 가장 좋고 많이 생산되기 때문에 보통 포도 브랜디를 가리켜 '브랜디'라고 한다. 브랜디를 대표하는 것이 '코냑(Cognac)'과 '아르마냑(Armagnac)'이다.

② 위스키(Whisky)

맥아 및 기타 곡류를 당화 발효시킨 발효주를 증류하여 만든 술이다. 보리 · 옥수수 · 호밀 · 밀 등의 곡물이 원료로 사용되며, 증류 후에는 나무통에 넣어서 숙성시키는 게 일반적이다.

③ 럼(Rum)

당밀이나 사탕수수의 즙을 발효시켜 증류한 술이며, 화이트 럼과 다크 럼이 있다. 생산지나 제조법에 따라 헤비 럼, 미디엄 럼, 라이트 럼 등이 있다.

럼의 감미로운 향기는 양과자에 아주 적합하여 설탕의 단맛과 달걀의 비린내를 완화시켜 준다고 해서 다량의 럼이 제과용으로 사용된다. 또한, 크림이나 럼에 과일을 담그기도 하며, 아이스크림에 사용되기도 한다.

2. 혼성주

혼성주(混成酒)는 증류주(蒸留酒)에 과실류나 약초나 향초를 혼합하여, 적정량의 감미(甘味) 와 착색(着色)을 하여 만든다. 다른 술과 달리 혼성주는 비교적 강한 주정(酒酊)에 설탕이나 시럽(Syrup)이 함유되어 있어야 하고 향기가 있어야 한다.

① 그랑마르니에(Grand Marnier)

1827년부터 생산되기 시작한 그랑마르니에는 숙성한 코냑(Cognac)에 오렌지 향을 가미한 40도의 프랑스산 혼성주의 일종으로 오렌지 껍질을 증류해서 만든 큐라소(Curacao) 계열의 리큐르(Liqueur) 중에서도 가장 최고급 품목이다.

② 큐라소(Curacao)

카리브해의 큐라소 섬에서 나는 오렌지 껍질을 건조하여 만든 리큐르. 오렌지 향이 나며 달콤하면서도 쓴맛이 강하다. 크림이나 아이싱 및 젤리에 향 첨가제로 사용한다.

③ 키르슈(Kirsch)

잘 익은 버찌(체리)의 과즙을 발효 증류하여 만든 증류주로, 키르슈바서(Kirschwasser)라고도 한다. 독일어인 '키르슈는 버찌, 바서는 물'이란 뜻이다.

④ 쿠앵트로(Cointreau)

오렌지 껍질을 양질의 중성 알코올에 담가 증류시킨 것으로, 알코올 도수는 40도이다. 숙성시키지 않은 채로 상품화하며, 은은한 향과 맛이 강렬한 점이 특징으로 제과에는 풍미를 내기 위한 원료로 사용한다.

⑤ 트리플 섹(Triple Sec)

큐라소 오렌지로 만들어서 감미가 있고 오렌지 향이 나는 무색투명한 리큐르(Liqueur)이다. 그랑마르니에, 쿠앵트로에 비해서 품질이 낮다.

⑥ 체리브랜디(Cherry Brandy)

증류주에 체리를 담가서 발효시킨 뒤 증류하여 만든 리큐르이다. 붉은색을 띠고 단맛이 나며 일반적으로 체리 리큐르(Cherry Liqueur)를 가리킨다. 키르슈 또는 키르슈 사워(Kirsch Sour)라고도 한다.

⑦ 애프리코트 브랜디(Apricot Brandy)

살구를 원료로 한 황갈색의 리큐르. 살구를 깨뜨려 핵이나 과육과 함께 발효시키고 증류하여 살구 브랜디를 만든다. 이것에 살구의 알코올 침출액이나 설탕 시럽, 여러 가지 향료를 가하여 제조한다.

⑧ 깔루아(Kahlua)

테킬라, 커피, 설탕을 주성분으로 해서 만든 깔루아는 블랙러시안, 롱아일랜드 아이스 티 같은 전통적인 칵테일에서 부드러운 맛으로 장소를 가리지 않고 부담 없이 마실 수 있다. 이국적이고 독특한 맛과 향 때문에 깔루아는 다양하게 사용된다.

⑨ 민트 리큐르(Mint Liqueur)

민트 리큐르는 스피리츠에 박하를 담그고 그 에센스를 옮겨 따르고, 추출한 민트 오일을 스피리츠에 배합해서 만든다.

⑩ 크렘 드 카시스(Creme de Casis)

카시스는 커런트의 하나로 열매의 색 때문에 블랙 커런트(Black Currant)라고도 한다. 비타민 C를 많이 함유하고 있어 신맛이 강하다.

⑪ 칼바도스(Calvados)

프랑스의 노르망디 지방에서 유래한 술로, 사과주를 원료로 하는 증류주이다. 칼바도스는 프랑스 정부가 와인의 원산지와 품질을 규제하기 위하여 제정한 '아펠라시옹 도리진 콩트롤레 (Appellation D'Origine Controlee, Aoc)'의 통제를 받아 이를 라벨에 표시한다.

⑫ 산딸기(Crème de Framboise)

프랑스에서 생산하는 딸기를 발효해 증류시켜서 만든 깊은 산딸기 맛을 지닌 프랑보아즈는 알코올 함량이 45%이다. 봉봉 초콜릿에 가장 잘 어울리며, 크렘브륄레, 수플레, 크레이프 등 알코올을 사용하여 플랑베하는 디저트에 많이 사용한다.

⑬ 말리부(Malibu)

럼 특유의 맛에 코코넛 향이 더해졌고 코코넛 특유의 달달 느끼한 맛과 더불어 단맛이 강하다. 술 자체의 색은 무색투명하다. 많은 칵테일의 재료로 사용되며, 특히 오렌지 주스와 섞어 만든 말리부 오렌지가 인기 있다.

⑭ 아마레토(Amaretto)

특유의 달콤한 풍미와 아몬드 향미로 유명하고 이탈리아의 디사론노사에서 처음 만들었으며, 다사론노 오리지날레는 살구씨 에센스를 사용하고 있다. 다양한 프티 가토에 향을 내는데 많이 사용된다. 티라미수를 만들 때도 주재료인 커피에 아마레토가 들어가면 훨씬 맛이 좋아진다고 한다.

⑮ 화이트 럼(White Rum)

제과 제빵에 널리 쓰이는 술로 잘 알려져 있다. 사탕수수즙 또는 당밀 등의 제당 공정 부산물을 발효 · 증류시켜 만든 증류주로 달콤한 냄새와 특유의 맛이 있고, 알코올분은 40~45%, 엑스트랙트분은 0.2~0.8%이다. 위스키, 브랜디, 보드카와 마찬가지로 증류주이기 때문에 사탕수수로 만들긴 하지만 단맛이 나지는 않는다. 건조과일류(크랜베리나 건포도, 살구, 자두)의 전처리 시에 많이 사용한다.

초콜릿에 많이 사용하는 리큐르

3. 초콜릿 만들 때 사용하는 다양한 견과류

① 헤이즐넛(Hazelnuts)

개암나무의 열매로 자작나무과에 속하는 낙엽 활엽관목으로 원산지는 남유럽에서 서아시아로 넓게 퍼져 있다. 우리나라에서 '개암'이라 하였다. 이것은 대표적인 견과(堅果) 열매의 하나로, 9월에 갈색으로 익으면 고소한 맛이 있어 생으로 먹거나 구워서 초콜릿, 과자류 등에 사용한다.

② 피스타치오(Pistachio)

무환자나무목 옻나무과 피스타치아속에 속하는 Pistacia Vera종 나무에서 채취하는 견과류이며, 서아시아, 특히 튀르키예 남동부가 원산지이다. 아이스크림의 원료로 많이 쓰이며 구워서 디저트, 과자의 토핑으로도 많이 사용한다.

③ 아몬드(Almond)

견과류의 한 종류로 식물학적으로는 견과류가 아닌 핵과류이나 일상적으로는 견과류로 여긴다. 보통은 굽거나 볶은 것을 먹으며, 특유의 고소한 향과 맛이 있어 제빵, 제과류, 초콜릿 제품을 만들 때 많이 사용하고 있다. 한국에 들어오는 아몬드는 대부분 미국산으로 전 세계 아몬드의 80%를 생산하고 있으며, 아몬드의 80%는 캘리포니아산이다.

④ 피칸(Pecan)

미국과 멕시코에서 주로 재배되는 가래나무과에 속하는 식물인 피칸나무의 열매이다. 이름의 유래는 알곤킨어로 돌로 깨는 과일이란 뜻의 '파칸'이다. 호두의 일종으로 호두보다 길쭉하고 겉껍데기가 얇다. 맛은 호두와 비슷하지만 쓴맛이 없다. 날것으로도 먹지만 일반적으로 구워서 피칸 파이와 초콜릿, 제과류 제품을 만들 때 사용한다. 국내에서 사용하는 피칸은 대부분 미국 캘리포니아산이다.

⑤ 호두(Walnut)

호두는 견과류의 하나로 호두나무의 열매이다. 원산지는 이란, 페르시아 지방과 튀르키예 세 곳이 있는데 유럽이나 미국에서 대중화된 품종은 튀르키예 지방이 원산지인 호두이다. 빵류, 제과류, 초콜릿 등 다양한 곳에 많이 사용하고 있으며, 대부분 미국 캘리포니아산을 사용한다.

4. 초콜릿 만들 때 사용하는 다양한 과일퓌레와 건조과일

① 초콜릿을 만들 때는 다양한 과일을 사용하는데 대부분 퓌레(Purée 퓨레라고도 함)를 많이 사용한다. 퓌레는 과일 따위를 삶거나 걸러서 걸쭉한 상태로 만든 가공품이다. 일반적으로 사과 퓌레, 배 퓌레, 망고 퓌레, 자몽 퓌레, 산딸기 퓌레, 블루베리 퓌레, 살구 퓌레, 복숭아 퓌레, 바나나 퓌레, 패션 후르츠 퓌레 등 다양하다.

② 건과(乾果)는 과실을 건조시켜 보존성을 갖게 한 것으로 보존성을 높이기 위해 설탕절임 등으로 가공하기도 한다. 살구, 자두, 크랜베리, 무화과, 오렌지 등을 사용한다.

| 망고 퓌레 | 산딸기 퓌레 | 크랜베리 |

5. 초콜릿 만들 때 많이 사용하는 재료

1) 버터(Butter)

① 버터의 특성

가) 우유에서 지방을 분리하여 크림을 만들고 이것을 휘저어 엉기게 하여 굳힌 것으로 버터
   는 제조 시 유지방 80% 이상, 수분 17% 이하라고 법령으로 정해져 있다.

나) 보통 유지방 81%, 수분 16%, 무기질 2%, 기타 1%로 되어 있다.

다) 버터의 종류에는 젖산균을 넣어 발효시킨 발효버터(Sour Butter)와 젖산균을 넣지 않고
   숙성시킨 감성버터(Sweet Butter)가 있다.

라) 미국과 유럽에는 발효버터가 많고, 한국과 일본에는 감성버터가 대부분이다. 또 소금
   첨가 여부에 따라 가염버터(소금 2% 첨가)와 무염버터로 나눈다.

2) 생크림(Fresh Cream)

생크림은 우유에서 비중이 적은 지방분만을 원심 분리하여 살균 충전한 식품으로 서양요

리와 커피에도 이용하며, 제과 · 제빵에 많이 사용한다. 지방함량에 따라 두 종류로 구분하며, 주로 고지방(유지방 38~45% 정도)은 버터 원료나 서양식 생과자, 생크림 케이크 등을 만드는 데 사용하고, 보통 지방(유지방 18~20% 정도)은 커피용이다.

① 생크림은 크게 동물성 생크림과 식물성 생크림으로 구분하여 사용하고 있다.

② 주성분은 유지방이고 국가에 따라 종류나 함량이 다르다.

③ 한국에서 생크림은 유지방 18% 이상인 크림을 말한다.

④ 국내에서 생산되어 사용하는 동물성 생크림은 유지방 36~38%이다.

⑤ 생크림은 냉장 보관이 원칙으로 보통 1~5℃에서 보관한다.

3) 물엿(Corn Syrup)

녹말이 산이나 효소의 작용에 분해되어 만들어진 반유동체의 감미 물질이다. 설탕에 비해 감미도가 낮지만, 점조성, 보습성이 높아 감미제보다는 제품의 조직을 부드럽게 할 목적으로 많이 사용한다. 여러 종류의 빵 · 과자 제품에 사용되는데 롤, 번, 단과자빵류, 파이 충전물, 머랭, 케이크류, 쿠키류, 초콜릿 등에 주로 사용된다.

4) 꿀(Honey)

꿀은 단맛을 내는 감미제로 벌꿀(자연 꿀)과 당밀(인공 꿀)이 있다. 당분이 많이 함유된 식품이고 전화당의 종류로 꿀벌에 의해서 얻어지며, 수분 보유력이 높고 향이 우수하다.

5) 전화당(Invert Sugar)

자당을 용해한 액체에 산을 가하여 높은 온도로 가열하거나 인베르타아제(분해효소)로 설탕을 가수분해하여 생성된 포도당과 과당의 동량 혼합물을 전화당이라 한다. 감미가 강하여 케이크, 퐁당, 아이싱의 원료로 이용하며, 케이크 표면에 색깔이나 광택을 내는 데 사용한다. 또한 수분 보유력이 뛰어나 제품을 신선하고 촉촉하게 하여 저장성을 높여주므로 반죽형 케이크와 각종 크림 같은 아이싱 제품에 사용하면 촉촉하고 신선한 제품을 만들 수 있다. 전화당은 꿀에 다량 함유되어 있으며, 흡습성 외에 착색과 제품의 풍미를 개선하는 기능을 한다.

6) 프랄린(Praline)

견과류에 설탕을 입혀 만드는 것을 말하며, 프랑스, 스위스 등에서는 아몬드·헤이즐넛 등 견과류에 캐러멜화한 설탕을 입혀 만든 것을 프랄린(프랄리네)이라고 부른다. 17세기 프랑스에서 설탕 제조업자였던 프랄린(Praslin, 1598~1675) 백작의 요리사가 만들었고, 백작의 이름에서 프랄린이라는 명칭이 비롯되었다고 알려져 있다.

7) 카카오버터(Cacao Butter)

카카오버터(Cacao Butter)는 카카오매스에서 뽑아낸 지방질이며, 카카오버터는 가장 안정적인 기름 중 하나로 카카오버터의 녹는점은 34~38℃가량으로 상온에서 고형 초콜릿의 형태가 유지된다. 카카오버터에는 자연적인 산화방지제가 들어 있어 산패되지 않아 2~5년 정도 장기 보관이 가능하다.

주된 용도는 초콜릿을 만들 때(화이트초콜릿, 밀크초콜릿, 다크초콜릿) 사용한다. 산패를 막아주기 때문에 음식이 아닌 다른 용도로도 많이 사용된다.

8) 코코아(Cocoa)

카카오 열매의 씨앗인 카카오빈을 가공하여 만든 것으로, 정확하게는 카카오매스를 압착하여 카카오버터를 빼고 남은 부분인 카카오를 분쇄한 것이다. 카카오파우더는 물에 잘 섞이기 때문에 음료나 다양한 과자류의 제조에 쓰인다.

9) 허브차(Herbal Tea)

허브차(Herbal Tea)는 건조한 꽃잎이나 씨앗, 뿌리 등으로 끓여 만든 차를 말하며, 음료의 목적 이외에 초콜릿, 과자류 제품을 만들 때 사용한다. 풀, 약초라는 뜻의 영어 낱말 허브(Herb)와 차(茶)가 결합한 말이다. 초콜릿을 만들 때 많이 사용하는 차는 홍차, 녹차, 얼그레이, 자스민차, 페퍼민트차 등이 있다.

10) 식용색소(Food Color)

식품의 빛깔을 좋게 하려고 물들이는 데 쓰는 색소는 천연 색소와 합성 색소로 나누어진다. 식품위생법에 지정된 것은 타르색소 25종(그중 수용성 21종)을 주로 사용하며, 초콜릿을 만들 때 사용하는 색소는 물에 녹는 수용성(가루 색소) 또는 액상 타입의 식용색소인 지용성 색소를 사용한다. 지용성 색소는 지방에 용해되는 색소를 말하며, 지방에 용해되어 있으므로 물에 용해되지 않는 특징이 있다.

6. 초콜릿 만드는 데 필요한 도구

1) 적외선 온도계

초콜릿은 온도가 매우 중요하다. 따라서 능숙하지 못한 초보자에게는 꼭 필요하며, 온도 체크 시간이 빨라서 변수가 많이 발생하여 오차가 날 수 있다.

2) 스패출러

케이크에 크림을 샌드하거나 아이싱을 할 때 주로 사용되는 도구이며, 크기는 보통 인치로 나타낸다. 크기에 따라 4인치부터 10인치까지 있으며, 모양에 따라 'L'자, '일'자 스패츌러로 나뉜다. 초콜릿 작업에서는 대부분 'L자 스패츌러'를 많이 사용한다.

3) 삼각 데코무늬 스크레이퍼

초콜릿 장식물을 만들 때 무늬를 그리거나 스프링을 만들 때 사용하는 도구로 크기는 다양하다.

4) 실리콘 주걱

고무 주걱이라고도 부르며 열에 강한 실리콘 재질이기 때문에 크림이나 소스를 끓일 때 많이 사용하는 도구로 단단하고 사용이 쉬워 초콜릿 작업에서 빠질 수 없는 도구다.

5) 전자저울

재료의 계량을 위해서 꼭 필요한 도구로 제과제빵에서는 보통 0~5kg 정도의 재료를 계량할 수 있는 것이 좋다.

6) 초콜릿용 스크레이퍼

제과 제빵 제조 시 반죽을 분할할 때 많이 사용하는 도구로, 스테인리스나 플라스틱 재질로 되어 있다. 초콜릿 작업에서 사용하는 스크레이퍼는 크기가 큰 것으로 대리석법으로 템퍼링을 할 때 또는 초콜릿 장식물을 만들 때 사용되며 주로 스테인리스로 만든 것을 사용한다.

7) 초콜릿 워머

고체의 초콜릿을 녹일 때 사용하거나 템퍼링이 완료된 초콜릿이 굳지 않게 유지해 주는 기계다. 열이 내부까지 전달되지 않기 때문에 자주 저어주어야 한다.

초콜릿을 적정량 넣으면 전기 열에 의해 녹아 액체 상태로 온도를 유지하므로 템퍼링하여 만들기만 하면 된다. 많

은 양의 초콜릿을 만드는 곳에서는 필수적인 기계이다.

8) 열풍기

초콜릿 템퍼링을 하면 겉면부터 굳기 시작하므로 이에 대비하여 열풍기 혹은 헤어드라이어를 준비해 놓아야 한다. 굳기 시작하는 초콜릿에 바람으로 열을 주어 녹인 후, 나머지 초콜릿과 잘 섞어서 사용하면 된다. 열풍기는 헤어드라이어에 비해 온도가 높게 올라가므로 화상에 주의해야 한다.

9) 초콜릿 디핑포크

초콜릿을 디핑할 때 사용하는 전용 도구로 보통 사각형의 가나슈를 디핑할 때는 포크 모양을, 트러플 같은 원형 모양을 디핑할 때는 원형 포크를 사용하며, 부드럽게 잘 구부러지는 것이어야 사용하기 편리하다.

10) 가스 토치

치즈 케이크, 머랭 타르트, 다양한 무스케이크를 만들어 링 몰드에 채워서 냉동 보관 후 무스 링을 제거할 때 사용하며, 초콜릿 작업에서는 칼을 데워 가나슈를 깔끔하게 자를 때 사용하거나 대리석법 후 초콜릿을 정리할 때 사용한다. 그 밖에 다양한 곳에 많이 사용하므로 베이커리 주방에서는 필수품이다.

11) O.P.P 필름

롤 필름이라 불리기도 하며, 이 필름은 각종 제품을 포장할 때, 가나슈를 밀어서 펼 때 원하는 크기로 잘라서 사용하거나 초콜릿 장식물을 만들 때 편리하게 사용할 수 있다.

12) 가나슈 사각 틀

각종 누가, 젤리, 가나슈 등을 굳히기 위한 틀로 높이와 크기에 따라 종류가 다양하며 아크

릴판 또는 동바를 이용할 수도 있다.

13) 다양한 초콜릿 몰드

초콜릿 제품을 만들 때 사용하는 몰드로 한꺼번에 같은 모양을 여러 개 만들 수 있다. 흔히 초콜릿 몰드는 폴리카보네이트, 실리콘, 얇은 플라스틱 등 다양한 소재로 만들어지며, 폴리카보네이트 소재로 만들어진 몰드는 오래 쓸 수 있고 작업성이 좋으며 다양한 디자인이 많으나, 가격이 비싸서 주로 전문가들이 사용한다.

플라스틱으로 된 몰드는 얇고 가벼우며 가격도 저렴해서 초보자들이 사용하기에 좋다. 사용 후에는 부드러운 스펀지를 사용하여 씻어야 하며 틀의 수분을 제거한 후에 탈지면 등으로 닦아내야 한다.

14) 초콜릿 분사기

몰드 초콜릿을 만들거나 공예품을 만들 때 색소기법을 사용하기 위해 이용되는 도구로 노즐을 바꿔가며 사이즈에 맞는 직경을 선택해야 하고, 바람을 넣어주는 컴프레서도 함께 있어야 사용할 수 있다.

무스케이크, 봉봉 초콜릿, 장식용 공예를 만들 때 사용하며, 화이트초콜릿, 카카오버터, 식용색소 등을 혼합하여 사용한다.

15) 바 믹서기

액체 재료의 혼합, 과일이나 채소 등을 잘게 다질 때 사용하며, 가나슈 제조 시 공기 혼입을 막고 유화 작업을 위해서 사용한다.

7. 초콜릿을 전문으로 대량 생산하는 공장형에 필요한 기계

1) 초콜릿 커팅기

생초콜릿이나 가나슈 초콜릿을 만들어 틀에 올리고 자르는 것으로 크기를 일정하게 한꺼번에 많이 자를 수 있다. 버터나 양갱, 젤리 등에 다양하게 사용할 수 있다.

2) 초콜릿 워머

초콜릿을 적정량 넣어 두면 전기 열에 의해 녹아 액체 상태로 온도를 유지하므로 템퍼링하여 만들기만 하면 된다. 많은 양의 초콜릿을 만드는 곳에서는 필수적인 기계이다.

3) 초콜릿 템퍼링

초콜릿을 넣어 두고 온도를 맞추어 놓으면 자동으로 온도를 녹이고 내려준 다음 초콜릿 작업을 쉽게 할 수 있도록 템퍼링 온도를 일정하게 유지해 주는 기계이다.

8. 초콜릿 만드는 과정 및 유의 사항

초콜릿을 만들려면 기본재료가 되는 것이 커버춰 초콜릿이다. 커버춰는 피복하다란 뜻이다. 이 초콜릿은 카카오버터를 첨가해 유동성과 광택을 좋게 하는 게 특징이고 코팅용 초콜릿은 커버춰와 달리 경화유 등을 첨가해 템퍼링이 필요 없고 블룸 현상이 일어나지 않으며 녹기만 하면 사용할 수 있어 매우 편리하다.

커버춰는 보통 40~50%의 카카오버터를 함유하고 있으며 풍미와 맛, 색감이 좋다.

고형상태의 것이 액체 상태로 변하기 시작하는 온도를 융점이라고 하며 반대로 액체 상태의 것이 고형 상태로 되는 온도를 응고점이라고 한다.

카카오버터의 융점이 높아지기 시작하는 온도는 32~34℃이고 응고되기 시작하는 온도는 27~28℃이다.

9. 초콜릿 템퍼링(Chocolate Tempering)

초콜릿의 생명은 템퍼링이다. 템퍼링이란 온도에 따라 변화하는 결정을 안정된 결정형 상태로 만들기 위해 온도를 맞추어주는 작업을 말한다. 초콜릿을 만들기 위해서는 온도를 조절해야 한다는 뜻으로 초콜릿 템퍼링에 사용되는 용어이다. 초콜릿을 녹이고 식히는 과정을 통해 초콜릿 속의 카카오버터 상태를 안정적인 결정구조가 되도록 준비하여 카카오버터 결정체를 얻기 위한 것으로 여기에는 온도만 있는 것이 아니고 다른 요소인 시간과 움직임이 작용한다. 즉 템퍼링이란 초콜릿이 녹은 후 다시 굳을 때 흐트러진 초콜릿 속 결정 구조들이 원상태로 돌아오며 안정화될 수 있도록 하는 작업이다. 카카오버터가 들어 있는 커버춰 초콜릿을 사용할 때는 반드시 하는 작업이다. 템퍼링을 해주지 않으면 초콜릿이 굳지 않거나 굳더라도 광택이 없고 얼룩덜룩 무늬가 발생할 수 있으며, 제일 중요한 부분인 초콜릿의 품질과 맛이 저하되어 상품성이 떨어진다. 초콜릿에 함유된 카카오버터가 다른 성분과 분리됨으로써 카카오버터가 뜨기 때문에 템퍼링을 하여 전체를 균일하게 혼합할 필요가 있다. 카카오버터는 이러한 것을 결합해 하나로 혼합함과 동시에 일정온도에 이르면 녹기도 하고 굳기도 하는 성질을 가진다. 카카오버터의 융점(녹기 시작하는 온도)은 33~34℃, 응고점(굳기 시작하는 온도)은 27~28℃이다. 그래서 쿠베르튀르(커버춰)는 33~34℃에서 녹기 시작하고, 27~28℃에서 굳기 시작하는 성질이 있다. 커버춰 초콜릿을 피복용으로 사용할 때는 이상의 설명한 응고점과 융점 중간점에서 작업하는 것이 최적이다. 즉 27~28℃와 33~34℃ 사이가 좋으며, 실제로 27~28℃는 약간 굳고 34℃ 이상에서는 카카오버터에 함유된 분자가 갖고 있는 성질 때문에 피복으로 부적합한 것으로 29~32℃에서 행하는 것이 좋다. 이 작업을 템퍼링이라고 한다. 템퍼링한 초콜릿의 온도는 30~32℃(초콜릿을 제조하기 위한 최적의 온도)를 유지해야 한다. 그래야 반유동성의 적당한 점성을 가진 피복하기 적합한 상태가 된다. 템퍼링 방법을 결정할 때는 작업 환경이나 초콜릿의 양, 작업시간 등을 고려하여 적절한 방법을 선택한다.

10. 초콜릿 템퍼링 3요소

외부요소는 온도, 시간, 움직임이 있고 내부요소는 중요한 카카오버터 결정체가 있다.

① 온도: 카카오버터 결정체는 각각 다른 녹는점을 가지고 있어서 온도를 조절해 필요한 결정체만 남기는 것이 중요하다.

② 시간: 많은 결정체가 주어지면 시간이 갈수록 더 강한 결정체가 주변의 결정체들을 끌어들여 단단해진다.

③ 움직임: 결정체는 움직임에 의해 생겨나고 활성화되어 더 강해진다. 아무런 움직임 없이 온도의 변화만 있으면 초콜릿은 적정 온도에 있더라도 필요한 결정체가 형성되지 않아 템퍼링이 안 된다. 여기에 움직임을 주면 결정체가 형성되어 템퍼링된 상태로 만들 수 있다.

11. 템퍼링 원리

템퍼링의 원리를 조금 더 자세히 살펴보면 템퍼링은 온도를 조절하면서 초콜릿의 상태를 안정화시키는 과정이다. 먼저 커버춰 초콜릿 안에 있는 모든 성분이 잘 녹아서 제대로 혼합될 수 있도록 적절한 온도로 초콜릿을 데워주고 잘 섞는다. 잘 섞인 초콜릿 온도를 떨어뜨려 식히면서 저어주면 혼합된 상태에서 안정적으로 결정화된다.

결정화된 초콜릿은 다시 카카오버터가 굳는 온도와 녹는 온도의 중간쯤까지 다시 온도를 올려주어 마무리한다. 그러면 작업하기 편리한 상태의 안정화된 초콜릿이 준비되는 것이다. 템퍼링 작업을 위한 온도는 초콜릿에 포함된 성분의 배합 비율과 종류에 따라 차이가 있다.

템퍼링 작업을 통해 커버춰 초콜릿의 온도를 섬세하게 조절하면서 초콜릿의 맛과 풍미, 식감을 모두 최상으로 끌어올릴 수 있다.

템퍼링은 초콜릿을 녹이고 식히고 다시 온도를 가열하는 과정을 거치며 초콜릿 속에 들어 있는 카카오버터를 점차 ⅴ형의 온도에 안정화시키는 것이다.

카카오버터의 결정구조는 각 ⅰ~ⅵ형으로 나누어진다.

ⅰ~ⅵ으로 갈수록 결정체는 더 안정적이고 단단한 형태이다. 5번 결정체가 템퍼링의 목표로 하는 결정체이며 템퍼링 작업을 통해 다른 결정체들을 없애고 5번 결정체를 남겨서 광택, 텍스처, 입에서 부드럽게 녹는 등의 특성을 부여한다.

ⅴ~ⅵ형 융점을 보면 안정적인 온도에서 녹는다는 걸 알 수 있다. 그러면 ⅵ형이 실온에서 녹지 않을 수 있는 온도가 더 높은데도 ⅴ형으로 맞추는 이유는 초콜릿이 가지고 있는 특징 중 하나인 입안에서 부드럽게 녹는 성질에 적합한 융점이 ⅴ형이기 때문이다.

카카오버터 결정구조 융점은 다음과 같다.

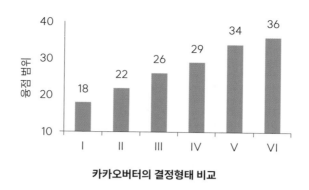

카카오버터의 결정형태 비교

카카오버터의 결정형태 비교

다형체 형태	융점범위 (℃)	명칭		특성	
I	16~18	γ	beta'-3	불안정한 형태	느슨한 압축
II	22~24	α	alpha-2		
III	24~26	β2'	beta'2-1		
IV	26~28	β1'	beta'1-1	⇩	⇩
V	32~34	β2	beta2-2		
VI	34~36	β1	beta'1-3	안정한 형태	밀집한 압축

12. 템퍼링의 필요성과 중요성 및 효과

　융점 이상으로 가온하면 커버춰 초콜릿, 카카오버터가 완전히 용해되기 때문에 완만한 유동체가 된다. 그 때문에 혼합된 카카오 고형물, 설탕, 카카오버터 등의 결합이 깨지고 카카오버터가 다른 성분과 분리되어 버린다. 이 상태에서 피복작업을 하면 냉각해서 굳으면 표면에 카카오버터가 떠버리기 때문에 전체에 하얀 막이 생긴다. 이 상태를 블룸(Bloom)이라고 한다. 따라서 34℃ 이상으로 된 커버춰 초콜릿을 그대로 사용하기 어렵기 때문에 다시 전체를 균일하게 혼합할 필요가 있다. 카카오버터의 분리는 그 사이 완전히 유동성으로 되어 점성을 잃어버렸기 때문에 일어나는 것이고 일단 응고점까지 냉각하고 점성을 주어서 전체의 결합을 좋게 해야 한다. 그래서 이것을 다시 30℃ 전후까지 가온하면 반유동성의 적당한 점성을 가진 피복하기에 적합한 상태가 된다.

초콜릿은 디저트 재료 중에서 다루기 까다로운 재료로 손꼽힌다. 위에서 설명한 바와 같이 커버춰 초콜릿에는 카카오버터, 카카오매스, 설탕 등 다양한 성분이 들어가기 때문이다. 템퍼링은 이런 커버춰 초콜릿에 열을 가한 후 녹이고 식히고 다시 온도를 올리는 조절 과정을 통해 성분들을 안정화시키는 작업이다. 템퍼링 없이 그대로 초콜릿을 녹여 바로 사용한다면 각 성분이 분리되어 모양, 식감, 맛 모두가 저하될 수 있다. 템퍼링이 잘 되어 성분들이 잘 섞이고 안정화된다면, 몰드(초콜릿틀)에서 잘 떨어지고, 잘 굳고, 매끈한 광택으로 보기 좋은 제품을 만들 수 있다. 그리고 맛과 풍미는 물론 입안에서 부드럽게 잘 녹는 고급 초콜릿을 만들 수 있게 된다.

템퍼링은 초콜릿을 만들 때 핵심적인 과정으로, 초콜릿의 결정을 안정시켜 부드럽고 광택 나는 표면을 만들고, 녹는점을 높여 맛을 더욱 풍부하게 하는 과정이다. 즉 템퍼링을 해주지 않으면 초콜릿이 굳지 않거나 굳더라도 광택이 없고 얼룩덜룩한 무늬가 발생할 수 있으며, 제일 중요한 부분인 초콜릿의 품질과 맛이 저하되어 상품성이 떨어진다.

초콜릿을 녹였다가 다시 굳히는 과정에서 템퍼링을 통해 초콜릿의 결정구조를 조절하면 다음과 같은 템퍼링 효과가 나타난다.

① 부드러운 식감: 입안에서 부드럽게 녹아내리는 촉촉한 식감을 느낄 수 있다.
② 광택 있는 표면: 매끄럽고 광택이 나며 내부 조직이 조밀하다.
③ 향미 증진: 초콜릿의 향미가 더욱 풍부하고 진하게 느껴지도록 한다.
④ 안정성 향상: 초콜릿의 안전성을 높여주고 녹는점을 높여준다.
⑤ 블룸 방지: 팻 블룸(Fat Bloom)을 사전에 예방할 수 있다.
⑥ 작업성 향상: 결정이 빠르고 작업성이 좋으며, 굳힌 초콜릿을 몰드에서 빼낼 때 잘 빠진다.

13. 초콜릿의 화학적 성질

초콜릿은 기본적으로 카카오버터, 가카오매스를 함유하고 있다. 이 중에서도 카카오버터는 다른 식물성 유지들과 마찬가지로 글리세라이드 구조를 이루고 있다. 글리세라이드 구조는 글리세린이라는 물질에 지방산 3개가 결합한 형태를 말한다. 카카오버터는 스테아릭산(포화지방산), 팔미틱산(포화지방), 올레익산(불포화지방산)이 연결된 형태이다. 이 지방산들은 각기 융점(녹는점)이 다르고, 어떻게 결합되느냐에 따라 풍미, 질감 등이 달라진다. 또한 카카오버터는 포화지방산이 2개인데 하나의 불포화지방산도 포화지방산에 둘러싸여 있는 형태라 산화 안정성이 우수해서 관리를 잘하면 1년 이상 맛과 품질을 유지할 수 있다.

14. 초콜릿의 물리적 성질

초콜릿은 특유의 물리적 성질이 있다. 실온에서는 고체의 형태이고 힘을 주는 방향대로 뚝뚝 쪼개어지는 성질을 가지고 있지만, 입속에 들어가면 금세 사르르 부드럽게 녹아내린다. 이 같은 물리적인 성질은 카카오버터의 영향이 크다. 카카오버터(코코아버터)의 녹는점은 34~35℃ 정도이고 28℃부터 녹기 시작해서 34℃ 이상부터는 액체가 된다. 이러한 코코아버터에 코코아매스, 분유, 설탕 등 다양한 재료들이 섞이면서 불안정한 상태가 될 수 있다. 녹으면서 분리가 되고, 작업하기 어려운 상태가 될 수 있다는 뜻이다. 그래서 초콜릿 제조 시에 안정화된 상태를 만들기 위해 템퍼링 작업이 필요한 것이다.

다음은 초콜릿의 종류에 따라 템퍼링하는 온도와 다양한 방법들을 자세히 알아보도록 하겠다. 초콜릿 템퍼링하는 온도는 제조회사마다 조금씩 다르다.

1) 템퍼링 방법

① 대리석법

템퍼링 방법에서 가장 많이 사용하는 것으로 대리석 테이블에 초콜릿을 펼쳐 붓고 모았다가 펼치기를 반복하는 작업으로 대리석은 비열이 높아서 따뜻한 것이 닿으면 온도를 급격히 떨어뜨리고 받은 열에너지를 빨리 발산시키기 때문이다. 즉 대리석법이란 녹인 초콜릿 양의 2/3를 대리석에 부어 휘저으며 온도를 내리는 방법이다. 초콜릿 종류에 따라 40~55℃로 녹여 약 1/3분량을 볼에 남기고 나머지 초콜릿은 대리석 테이블 위에 붓고 초콜릿 스크레이퍼와 L자 스패츌러를 사용하여 초콜릿을 펼쳤다 모았다를 반복하며 온도를 떨어뜨려준다. 온도가 25~28℃ 사이로 떨어지면 빠르게 한군데로 모아주고 남겨 놓은 1/3의 따뜻한 초콜릿이 담긴 볼로 옮겨 담는다. 볼에 담은 초콜릿을 잘 섞어 27~31℃로 맞추어 작업한다.

② **수냉법**

수냉법은 따뜻한 물과 차가운 물을 번갈아 사용하며 초콜릿 온도를 조절하여 템퍼링하는 방법이다.

초콜릿을 전문으로 만드는 곳이 아닌 가정이나 학교, 학원 등 시설을 갖추지 못한 환경에서 주로 사용한다. 방법은 먼저 초콜릿을 필요한 양만큼 볼에 담아 따뜻한 물에서 중탕으로 녹인다. 초콜릿의 종류에 따라 45~55℃로 녹여 중

탕에서 내려 찬물(얼음 사용)에 올려놓고 저어 25~28℃로 온도를 내린 다음 다시 중탕하여 온도를 올려 27~31℃ 정도에서 작업을 한다. 초콜릿을 만들 때는 실내작업온도가 매우 중요하므로 온도에 따라 조절하여 작업한다.

③ 접종법

접종법은 기존에 템퍼링이 완성된 초콜릿을 사용하는 방법이다. 보통 사용하는 커버춰 초콜릿은 처음 만들어질 때 공장에서 템퍼링이 되어서 포장된 것이다. 템퍼링을 해서 오는 것이기 때문에 템퍼링되어 있는 상태를 유지하면서 녹이는 방법이다. 즉 녹인 초콜릿에 추가로 초콜릿을 넣어 온도를 낮추는 방법이다.

1,000g의 초콜릿을 접종법으로 템퍼링한다고 했을 때 700g을 초콜릿 종류에 따라 45~55℃로 완전히 녹여준다. 다 녹으면 나머지 초콜릿 300g의 템퍼링된 초콜릿을 조금씩 넣으며 저어준다. 섞이면서 온도가 낮아지면 27~31℃ 정도로 맞춰주면 템퍼링이 유지되므로 이때 작업을 한다.

2) 템퍼링 기계 사용

초콜릿을 대량으로 생산하고자 할 때 사용하는 기계로 초콜릿을 녹이는 것부터 작업에 필요한 적정한 온도까지 자동으로 템퍼링을 해준다. 따라서 작업자는 필요한 만큼 담아서 초콜릿 제품을 만들기만 하면 된다.

15. 온도 조절

초콜릿 제품을 보관하거나 초콜릿을 사용할 때는 제품이 쉽게 변화되는데, 이러한 현상을 블룸이라고 한다. 이 현상은 크게 수분이 설탕에 흡수되어 흰색으로 변하는 설탕의 변화와 카카오버터가 분리되어 회색으로 변하는 지방의 변화가 있다. 설탕의 변화를 방지하기 위해서는 초콜릿을 녹이거나 작업을 할 때 수분이 들어가면 안 된다. 지방의 변화를 막기 위해서는 초콜릿을 녹일 때 정확한 온도 조절이 필요하다. 카카오버터는 결정된 상태에 따라 α, β, γ 그리고 β′로 분류되어 있다. 초콜릿 온도 조절의 목적은 여러 결정상태를 미세하고 일정한 β형으로 만드는 것이다.

1) 초콜릿 종류별 템퍼링 온도(I)

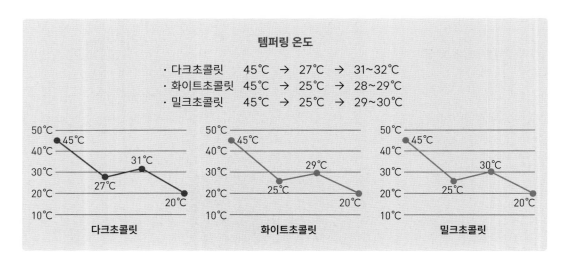

2) 초콜릿 종류별 템퍼링 온도(II)

템퍼링은 초콜릿의 종류, 제조사에 따라 차이가 있다.

① 다크초콜릿: 템퍼링은 45~50℃ 〉 27~28℃ 〉 31~32℃로 초콜릿을 녹였다가 식히고 다시 온도를 높이는 과정을 반복하여 ⅴ형 결정으로 서서히 굳혀 안정화를 시킨다.

② 밀크초콜릿 : 템퍼링은 40~45℃ 〉 26~27℃ 〉 29~30℃로 초콜릿을 녹였다가 식히고 다시 온도를 높이는 과정을 반복하여 ⅴ형 결정으로 서서히 굳혀 안정화를 시킨다.

③ 화이트초콜릿 : 템퍼링은 38~40℃ 〉 25~26℃ 〉 28~29℃로 초콜릿을 녹였다가 식히고 다시 온도를 높이는 과정을 반복하여 v형 결정으로 서서히 굳혀 안정화를 시킨다.

초콜릿 종류	용해온도	낮추는 온도	사용온도
다크커버춰	45~50	27~28	31~32
밀크커버춰	40~45	26~27	29~30
화이트커버춰	38~40	25~26	28~29

3) 초콜릿 템퍼링 작업 시 주의사항

초콜릿 작업을 할 때 가장 중요한 것이 온도와 습도이다. 온도가 높거나 습기가 많으면 점도가 높아지기 때문에 템퍼링이 잘되지 않고 디핑이나 몰드 작업을 할 경우에는 표면이 두꺼워져 제품의 품질 면에서 문제가 발생할 수 있다. 작업을 하기 전 작업장 온도나 습도, 사용할 도구, 작업 테이블이 건조한지 확인해야 한다.

초콜릿 작업장은 온도 조절이 가능해야 하며, 습도가 높지 않은 환경에서 해야 하고 실내온도는 18~20℃ 전후가 적정하다. 이런 곳에서 작업을 해야 초콜릿의 결정화를 막을 수 있고 좋은 품질의 초콜릿을 만들 수 있다.

4) 템퍼링하는 과정(시설환경이 부족한 곳에서 수냉법으로 제조 시)

① 커버춰 초콜릿을 준비한다. 초콜릿이 크면 잘 녹지 않고 시간이 오래 걸린다.

② 초콜릿을 반 정도 용기에 담아 중탕하여 녹인다. 나무 주걱으로 서서히 저어주면서 나머지 초콜릿을 넣으면서 저어준다.

③ 초콜릿은 40~50℃ 정도의 온도가 되도록 녹인다.

④ 녹인 초콜릿을 차가운 물 위에 올려 온도를 내린다. (27~29℃)

⑤ 다시 중탕하여 31~32℃로 온도를 맞추어 작업을 한다. (작업장 온도는 18~20℃가 적정하다)

⑥ 초콜릿에서 가장 중요한 템퍼링을 정확하게 하지 않으면 블룸 현상이 생기게 되므로 주의한다.

<텀퍼링의 포인트>

1. 물이나 수증기가 들어가지 않도록 물을 넣는 용기보다 초콜릿을 넣은 용기가 크면 안전하다.
2. 공기가 들어가지 않도록 천천히 저어준다.
3. 온도계만 믿지 말고 육안으로 상태 판단하는 법을 익힌다.

16. 초콜릿의 맛과 향에 중요한 카카오의 화학물질

1) 알코올(Alcohols)

알코올은 카카오 수확 후 발효과정에서 발생하며, 건조와 로스팅 과정에서 열기로 인해 감소한다. 알코올 함량이 높으면 Floral하고 사탕의 달콤한 풍미를 얻기에 적합하다. 전형적으로 리날룰(Linalool)이 꽃 향과 차 향의 아로마에 기여한다.

2) 알데하이드와 케톤(Aldehydes & Ketons)

알데하이드는 그 함량이 낮더라도 발효과정 중에 증가하기도 하며, 높은 온도와 긴 시간 로스팅을 하므로 알데하이드를 감소시킨다. 알데하이드와 케톤은 함께 맥아(엿기름, Malt)의 풍미, 초콜릿 특유의 풍미, 꽃 향과 달콤한 여운을 남긴다. 알데하이드는 피라진(Pyrazine)의 형성에도 어느 정도 기여를 한다.

3) 피라진(Pyrazine)

피라진은 커피 향에도 있는 물질로, 젖산을 분해해 피로를 완화해 주는 효과가 있다. 피라진은 초콜릿에 있는 휘발성 풍미에서 가장 중요한 역할을 하는 것으로 보인다. 피라진은 마이야르 반응과 스트레커 분해 과정에서 거의 형성된다. 피라진은 우리에게 익숙한 카카오의 풍미와 맛을 부여하고 또한 견과류, 흙(Earthy), 향신료의 아로마도 부여한다.

너무 고온에서 로스팅하거나 긴 시간 로스팅을 하면 피라진의 형성에 안 좋은 영향을 미친다.

4) 에스테르(Esters)

에스테르는 피라진 다음으로 중요한 휘발성 물질이다. 에스테르는 로스팅을 하지 않은 카카오와 로스팅을 한 카카오 모두에서 발견된다. 에스테르는 로스팅 되지 않은 카카오에 과일 풍미를 부여하고, 로스팅 된 카카오에 과일, 꽃의 꿀 풍미를 부여하며, 향신료나 발사믹의 풍미도 부여한다.

5) 산(Acids)

설탕의 대사 작용으로 발효과정 중에 산의 함량이 증가한다. 이로 인해 시큼하고 산미 있는 아로마가 부여된다. 카카오를 건조하는 동안 이 휘발성 산 성분은 줄어들며 로스팅을 통해 70% 정도 더 감소한다.

6) 페놀류(Phenols)

Phenol과 2-Methoxyphenol은 카카오 아로마를 방해하는 요소이다. 건조와 보관 과정 중 숯(탄 나무)과의 교차 오염에 의해 발생한다. 110~130℃에서 로스팅을 하는 것은 페놀류의 함량을 증가시킨다. 고품질의 카카오는 페놀류가 없어야 한다.

17. 비건 초콜릿

비건(채식주의)은 동물성 식재료나 가공 과정 중에 동물성 처리가 들어간 제품을 먹지 않는 채식주의자를 뜻하며 엄격한 비건들은 음식뿐만 아니라 동물성 제품(달걀, 우유 등)도 먹지 않는다.

비건뿐만 아니라 각종 알러지를 일으키는 식재료도 최근에 많은 주의를 받는다. 국내 규모가 큰 호텔이나 해외 카페에서 음식을 주문할 때 본인이 비건(Vegan), 베지테리언(Vegetarian), 견과류 알러지, 글루텐프리(Gluten Free) 등이 있다면 반드시 알린다. 그러면 레스토랑 주방에서 가지고 있는 다이어리 매뉴얼 사항을 참고로 음식을 만들어 제공한다.

식문화의 세심한 주의는 초콜릿에도 영향을 미치고 있다. 세계의 유명한 초콜릿 회사(프랑스, 스위스, 벨기에 등)들은 새로운 기술이 발전하면서 최근의 트렌드를 반영하여 동물성 제품을 사용하지 않은 비건 초콜릿 제품을 출시하고 있다.

기본적으로 카카오매스, 카카오버터, 설탕, 바닐라, 레시틴으로만 이루어진 다크초콜릿에는 동물성 재료라고 할 것이 들어가지 않아서 다크초콜릿은 비건 제품이다. 레시틴은 보통 대두(콩, Soy)에서 추출한 대두 레시틴을 사용했는데(콩이라서 그대로 비건임) 몇 년 전부터는 이마저도 해바라기 씨에서 추출한 레시틴(Sunflower Lecithin)으로 대체해서 콩에 알러지가 있는 사람들도 다크초콜릿을 섭취할 수 있도록 하고 있다.

18. 초콜릿 가나슈

가나슈(Ganache)란 고체 초콜릿에 액체 재료(생크림, 과일퓌레, 알코올, 물 등)를 섞어 만드는 부드러운 형태의 초콜릿이다.

가나슈를 그대로 잘라서 파우더(코코아파우더, 녹차 파우더, 슈거파우더 등)로 마무리해 주는 생초콜릿(나마초콜릿/파베초콜릿)도 있고, 초콜릿 코팅이나 몰드 안의 필링으로 들어가기도 한다. 가나슈는 크게 디저트용(Pastry) 가나슈와 당과용(Confectionary) 가나슈로 나눌 수 있다.

가) 디저트용 가나슈: 케이크 글레이징, 패스트리 필링, 마카롱 필링, 데코용 파이핑, 소스 등으로 사용되는 것이다.

나) 당과용 가나슈: 초콜릿 봉봉이 되는 가나슈(굳혀서 잘라 코팅하는 형태 또는 몰드에 짜 넣는 형태), 스프레드 등으로 사용되는 것이다.

가나슈의 구성을 살펴볼 때 전체 수분량(%), 전체 설탕량(%), 전체 카카오버터 양(%), 전체 유지방량(%)을 바탕으로 만들 수 있다.

자르는 가나슈를 만들고자 할 때는 일정량 이상의 카카오버터 함량이 있어야 가나슈가 굳고, 잘라도 그 형태를 유지하는 힘이 생긴다. 또한 몰딩용 짜는 가나슈는 어느 정도 수분량이 있어야 부드럽게 초콜릿 몰드에 짜 넣을 수 있다.

Chapter 4

초콜릿 만드는 유형

1. 초콜릿 디핑하여 만드는 과정

① 다크초콜릿을 템퍼링하여 판에 밀어펴고 도구를 사용하여 몰드를 만든다.

② 다양한 가나슈를 만든다.

③ 준비된 가나슈를 몰드에 채운다.

④ 가나슈가 굳으면 칼을 이용하여 자른다(원하는 크기).

⑤ 템퍼링한 초콜릿에 넣었다가 건져낸다.

⑥ 초콜릿이 과다하게 씌워지지 않도록 쳐준다.

⑦ 유산지를 깔고 잘 정리하여 놓는다.

⑧ 포크를 이용하여 모양을 낸다.

⑨ 다양한 방법으로 모양을 낼 수 있다.

2. 초콜릿 몰드를 사용하여 만드는 과정

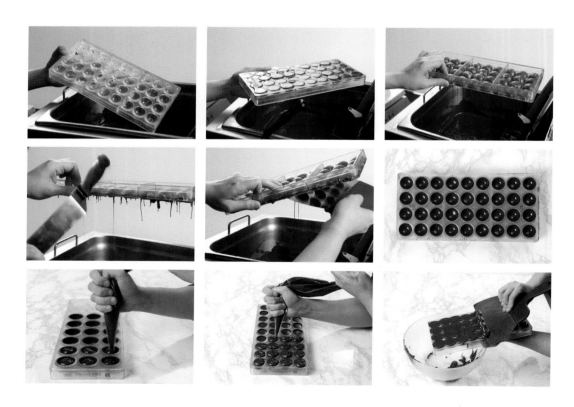

3. 다양한 초콜릿 장식물 만들기

① 화이트초콜릿을 이용한 장식물 만들기(2번 꼬기)

② 다크초콜릿을 이용한 장식물 만들기(한번 꼬기)

③ 고무풍선을 이용한 장식물 만들기

④ 작은 칼을 이용한 장식물 만들기

⑤ 전사지를 이용한 장식물 만들기

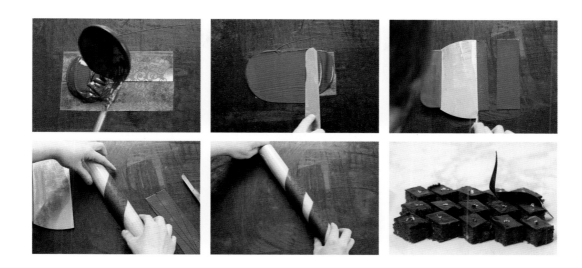

4. 스패출러를 이용한 장식물 만들기

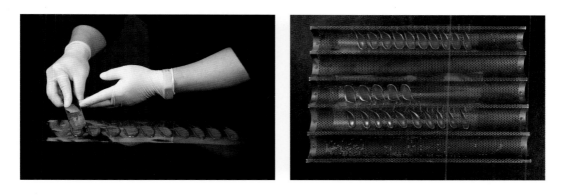

ⓖ 부채 장식물 만들기

⑦ 스틱 장식물 만들기

⑧ 링 장식물 만들기

⑨ 꽃 장식물 만들기

⑩ 플라스틱 초콜릿 꽃 만들기

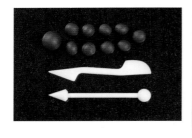  

⑪ 플라스틱 초콜릿 장식물 만들기

⑫ 초콜릿 글씨판 만들기

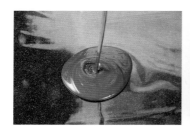 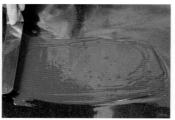 

⑬ 다양한 케이크 초콜릿 코팅하기

⑭ 몰드에 색소 사용 시

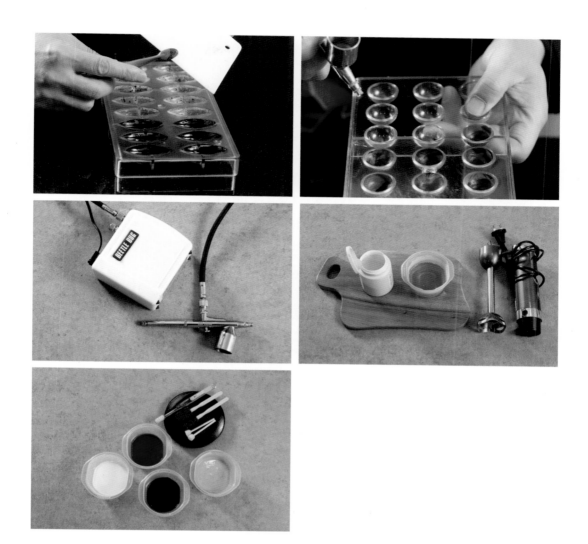

Part
2

초콜릿 실전 마스터

초콜릿이 남아프리카에서 유럽으로 최초로 전해지게 된 것은 15세기 말 콜럼버스에 의해서이다.

그 뒤 16세기 중반에 멕시코를 탐험한 H. 코르테스가 에스파냐에 소개함으로써

17세기에 비로소 유럽 전역으로 퍼졌다.

카카오의 카카(Caca)는 고대 멕시코의 아즈텍어로 '쓴 즙'을 뜻하며,

여기에 '액체'를 뜻하는 아틀(Atl)이 붙어 카카하틀(Cacahuatl)이 되고,

이를 약칭하여 카카오라 부르게 되었다.

초콜릿의 주원료는 '신의 음식'이라 불리는 카카오나무의 열매다.

Pave Chocolate
파베 쇼콜라

재료

생크림 120g
물엿 10g
버터 30g
다크초콜릿 280g
밀크초콜릿 90g
쿠앵트로 20g

만드는 과정

1 용기에 다크초콜릿과 밀크초콜릿을 넣고 중탕으로 녹인다.
2 냄비에 생크림, 물엿과 버터를 끓인다.
3 녹은 초콜릿에 **2**를 나누어 섞는다.
4 **3**에 쿠앵트로를 섞는다.
5 모양틀에 식힌 가나슈를 붓고 밀어편 후 굳힌다.
6 굳은 가나슈를 2.5cm 정사각으로 재단한 후 코코아파우더를 묻힌다.

71

Truffle Grand Marnier
트러플 그랑마르니에

재료

생크림 120g
다크초콜릿 240g
그랑마르니에 30g

만드는 과정

1 다크초콜릿을 중탕으로 녹여준다.

2 생크림을 끓인다.

3 **1**과 **2**를 나누어 섞는다.

4 그랑마르니에를 섞는다.

5 짜기 편한 정도까지 가나슈를 식혀준다.

6 둥근 깍지로 길게 짠 후 굳힌다.

7 2.5cm 길이로 재단한다.

8 얇게 간 다크초콜릿, 화이트초콜릿, 아몬드 슬라이스를 묻혀 마무리한다.

Café Bonbon
카페 봉봉

재료

생크림 194g
전화당 66g
그라인드 원두 6g
다크초콜릿 120g
버터 44g
몰딩용 다크초콜릿

만드는 과정

1 몰드에 템퍼링한 다크초콜릿을 채운 다음 스크레이퍼로 몰드 양쪽에 약한 충격을 가해 공기를 뺀다.

2 스크레이퍼로 몰드 주변을 긁어 정리한다.

3 몰드를 수평으로 뒤집어 초콜릿을 쏟아낸 다음 한 번 더 윗면을 정리한다.

4 몰드를 뒤집어 초콜릿을 굳힌다.

5 냄비에 생크림, 전화당, 원두를 넣고 끓인다.

6 5를 체로 거른 다음 녹인 다크초콜릿에 섞는다.

7 6에 부드러운 상태의 버터를 넣고 섞는다.

8 믹서를 이용해 유화시킨다.

9 유화시킨 가나슈를 준비해 둔 몰드에 90% 채운다.

10 가나슈가 굳으면 템퍼링한 다크초콜릿을 채운다.

11 스크레이퍼로 몰드 윗면과 주변을 정리한다.

Mendiant Lollipop
망디앙 롤리팝

재료

다크초콜릿 200g
헤이즐넛 60g
피스타치오 60g
아몬드 60g
건조 크랜베리 35g
롤리팝 스틱

만드는 과정

1   템퍼링한 초콜릿을 짤주머니에 담아 원형으로 짠다.

2   초콜릿이 굳기 전에 스틱을 위에 얹는다.

3   구운 견과류와 건조 크랜베리를 적당량 올려 데커레이션한다.

Nut Croquant
넛 크로캉

재료

초콜릿 300g
구운 견과류 100g
건조 크랜베리 70g

만드는 과정

1   넛 종류를 오븐에 구워준다.
2   초콜릿을 템퍼링한다.
3   템퍼링한 초콜릿에 넛과 크랜베리를 넣고 섞은 후 판에 부어 굳힌다.

Bonbon Feuilletine
봉봉 푀이틴

재료

밀크초콜릿 150g
아몬드 프랄리네 100g
푀이틴 130g
템퍼링한 초콜릿(다크, 화이트, 둘쎄)

만드는 과정

1 녹인 밀크초콜릿에 아몬드 프랄리네를 넣고 섞는다.

2 푀이틴을 넣고 부서지지 않게 섞는다.

3 판에 부어 굳힌 후 2.5cm 정사각형으로 자른다.

4 템퍼링된 다크초콜릿, 화이트초콜릿, 둘쎄 초콜릿에 대각선으로 반 담가 묻힌다.

Tenderesse
텐드리스

재료

다크초콜릿 100g
헤이즐넛 프랄리네 250g
밀크초콜릿 100g
헤이즐넛 프랄리네 250g
화이트초콜릿 100g
헤이즐넛 프랄리네 200g
오일 50g
다크초콜릿 50g

만드는 과정

1 다크초콜릿을 템퍼링하여 판에 밀어편다.

2 **1** 위에 헤이즐넛 프랄리네와 녹인 다크초콜릿을 섞어 붓는다.

3 **2**가 굳으면, 그 위에 헤이즐넛 프랄리네와 녹인 밀크초콜릿을 섞어 붓는다.

4 **3**이 굳으면 그 위에 헤이즐넛 프랄리네와 녹인 화이트초콜릿을 섞어 붓는다.

5 **4**가 굳으면 템퍼링한 화이트초콜릿에 오일을 섞어 **4** 위에 붓고 다크초콜릿으로 마블링해 준다.

Earl Grey Chocolate
얼그레이 초콜릿

재료

생크림 120g
물엿 16g
얼그레이 티백 6g
다크초콜릿 190g
무염버터 20g

만드는 과정

1 다크초콜릿을 30℃ 정도로 녹인다.

2 생크림과 얼그레이, 물엿을 넣고 70~80℃ 정도로 끓여준다.

3 5분 동안 우린 얼그레이는 거르고 손실된 만큼 끓인 생크림을 추가해 준다.

4 녹인 초콜릿을 나눠 생크림에 넣고 실온상태 버터와 섞어준다.

5 준비한 틀에 넣어 부은 후 굳힌다.

6 샤브로네 작업 후 2.5~2.5cm로 재단한다.

7 템퍼링한 초콜릿에 디핑한 후 굳기 전 수레국화 잎을 올린다.

Salt Caramel
솔트 캐러멜

재료

생크림 250g
트리몰린 20g
겔랑드 소금 3g
설탕 115g
밀크초콜릿 270g
다크초콜릿 100g
버터 45g

만드는 과정

1 생크림, 트리몰린, 겔랑드 소금을 섞어 80℃까지 데운다.

2 설탕을 가열해 캐러멜화한 다음 **1**을 넣어 섞는다.

3 밀크초콜릿, 다크초콜릿을 녹인 다음 **2**를 체에 걸러 나누어 넣으면서 유화시킨다.

4 **3**이 37℃가 되면 버터를 넣고 바 믹서로 섞는다.

5 가나슈 온도가 35℃ 정도로 식혀지고 짜기 좋은 상태가 되면 키세스 모양으로 짜준다.

6 가나슈가 굳으면 템퍼링된 화이트초콜릿을 바닥에 살짝 묻혀 모양을 내고, 윗부분에는 작은 핑크 소금 조각을 올려 마무리한다.

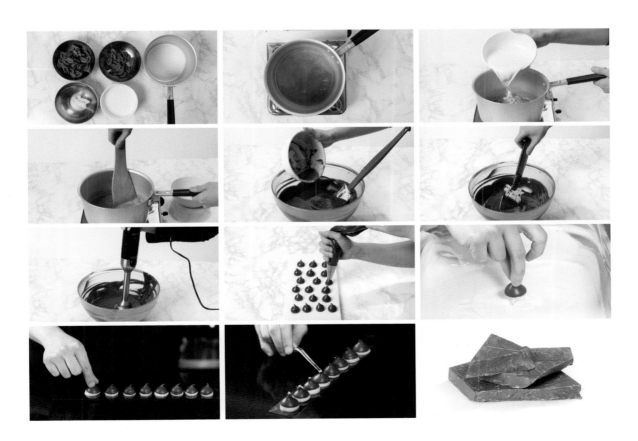

Almond Rocher
아몬드 로쉐

재료

다크초콜릿 200g
슬라이스 아몬드 또는 칼 아몬드 80g
피스타치오 20g

만드는 과정

1 아몬드를 오븐에 넣고 저어가면서 굽는다.

2 다크초콜릿을 템퍼링한다.

3 템퍼링한 초콜릿에 구운 아몬드를 넣고 포크로 섞어준다.

4 팬에 유산지나 두꺼운 필름을 깔고 포크로 예쁘게 떠 놓는다.

5 피스타치오를 뿌린다.

Dried Persimmon Chocolate
곶감 초콜릿

재료

곶감 3개
다크초콜릿 200g
피스타치오 10g
호두 50g

만드는 과정

1 호두는 오븐에 살짝 굽는다.

2 곶감을 반으로 자른다.

3 곶감 씨를 제거한 뒤 호두를 잘라 넣고 말아준다.

4 초콜릿을 템퍼링한 다음 말아놓은 곶감을 찍는다.

5 초콜릿이 굳기 전에 피스타치오를 올려준다.

Amande Caramelise au Chocolat
아망드 캐러멜리제 쇼콜라

재료

설탕 130g
물 50g
홀 아몬드 500g
버터 20g
화이트초콜릿 150g
슈거파우더 적당량
코코아파우더 적당량

만드는 과정

1 홀 아몬드를 190℃ 오븐에서 연한 갈색이 날 때까지 구워준다.

2 냄비에 설탕과 물을 넣고 118℃까지 끓인다.

3 홀 아몬드를 넣고 아몬드 표면이 매끈한 캐러멜이 될 때까지 불 위에서 나무 주걱으로 저어준다.

4 불에서 내린 후 버터를 섞어준 다음 실리콘 패드를 깔고 펼친 후 아몬드를 한 개씩 분리한다.

5 초콜릿을 녹인 후 온도를 내려 아몬드와 섞어준 다음 코코아파우더 또는 슈거파우더에 묻힌다.

Casiss Bonbon
카시스 봉봉

재료

카시스 퓌레 100g
생크림 125g
물엿 50g
다크초콜릿(66%) 220g
무염버터 25g
크렘 드 카시스 30g
화이트초콜릿 300g

만드는 과정

* 버터는 미리 포마드 상태로 쓴다.

색소작업(흰색, 파란색, 고동색): 옅은 색부터 진한 색 순서로 작업하기

1 흰색 색소를 장갑 낀 집게손가락에 묻혀 몰드에 가볍게 묻힌다.
2 파란색 색소를 바꿔 낀 장갑 손가락에 묻혀 몰드에 가볍게 묻힌다.
3 고동색 색소를 손가락에 묻혀 몰드에 가볍게 묻힌다. 아랫부분에서 위로 걷어 올리기
4 화이트초콜릿으로 몰드 코팅하기(물라쥬)
5 가나슈 채우기
6 뚜껑 덮기

1 생크림과 물엿, 카시스 퓌레를 냄비에 넣어 70℃ 정도로 끓인다.
2 66% 다크초콜릿에 **1**을 넣고 유화시킨다. 기포 없이 블렌더로 섞어도 좋다.
3 부드러운 버터를 넣고 잘 섞는다.
4 카시스 술을 넣고 완성한다.

Ganache Chocolate Cafe
생초코 카페

재료

우유 370g
원두커피 간 것 30g
다크초콜릿 200g
밀크초콜릿 416g
무염버터 40g
전화당 20g
깔루아 8g

만드는 과정

1 우유가 끓으면 원두커피를 넣고 향을 우려낸 후 체에 거른다.

2 230g 계량하고 모자란 양은 우유로 채워 넣는다.

3 밀크초콜릿과 다크초콜릿을 전자레인지로 녹인 후 전화당과 **2**를 부어 섞어준다.

4 35℃로 식으면 포마드 버터, 깔루아를 섞어준다.

5 1cm 높이 35cm×25cm 틀에 부어 2시간 냉장하여 굳히고 원하는 크기로 자른다.

6 2.5cm×2.5cm로 자른 후 분량 외 코코아파우더를 체 친 후 뿌려 완성한다.

7 가나슈는 굳혀서 자르거나 몰드에 초콜릿 쉘을 만들어 가나슈를 짜서 완성한다.

Buche Rum
뷔슈 럼

재료

생크림 100g
전화당 16g
밀크초콜릿 284g
키르슈 50g
슈거파우더 적당량

만드는 과정

1 생크림과 전화당을 넣어 끓인다.
2 밀크초콜릿을 녹인 후 **1**을 부어 섞어준다.
3 **2**에 술을 섞고 냉각한다.
4 진흙 상태가 되면 원형 깍지로 짠다.
5 하루 정도 냉각한 후 2.5cm로 자른다.
6 밀크초코릿 코팅 후 슈거파우더 위에 굴리며 모양을 낸다.

Green Tea Truffle Bonbon
말차 트러플 봉봉

재료

말차가루 4g
생크림 80g
화이트초콜릿 100g
카카오버터 12g
럼 5g
말차가루 100g

만드는 과정

1 말차가루와 생크림 일부를 섞어 페이스트 상태로 만든다.
2 1과 함께 녹인 화이트초콜릿과 카카오버터를 넣고 덩어리지지 않게 섞는다.
3 2에 나머지 생크림을 섞은 다음 럼을 넣고 섞는다.
4 식힌 후 짤주머니에 담아 쉘에 짜 넣는다.
5 가나슈가 굳으면 템퍼링한 초콜릿으로 쉘 입구를 막는다.
6 입구가 굳으면 템퍼링한 초콜릿에 디핑한 후 여분의 초콜릿이 거의 없도록 한다.
7 여분의 말차가루 위에 트러플을 굴려 완성한다.

Truffle Whisky
트러플 위스키

재료

생크림 280g
트리몰린 26g
다크초콜릿 366g
위스키 6g

만드는 과정

1 생크림과 트리몰린을 넣어 끓인다.

2 다크초콜릿을 잘게 다져서 **1**에 부어 섞어준다.

3 **2**에 위스키를 섞고 냉각한다.

4 진흙 상태가 되면 원형 깍지로 짜준다. 하루 냉각 후 손으로 둥글게 만든 후 코코아가루에 굴린다.

Coconut Truffle
코코넛 트러플

재료

화이트초콜릿 130g
패션 후르츠 퓌레 38g
코코넛 퓌레 30g
전화당 15g
말리부 리큐르 10g

만드는 과정

1 화이트초콜릿을 30℃ 정도로 녹여준다.

2 패션 후르츠 퓌레, 코코넛 퓌레, 전화당을 함께 녹여 **1**번 화이트초콜릿과
함께 섞어준다.

3 **2**에 코코넛 리큐르를 넣어 고루 섞는다.

4 **3**을 살짝 식혀 짤주머니에 담아 짜준다.

5 필링이 굳으면 템퍼링한 화이트초콜릿으로 입구를 막는다.

6 입구가 굳으면 템퍼링한 화이트초콜릿으로 디핑을 하고 식히면 망에 굴
려 모양을 낸다.

Cafe Kirsch
카페 키르슈

재료

다크초콜릿 210g
생크림 84g
인스턴트커피 분말 4g
버터 22g
키르슈 리큐르 10g

만드는 과정

1 다크초콜릿을 30℃ 정도로 녹여준다.
2 생크림과 커피 분말을 70~80℃ 정도로 끓여준다.
3 초콜릿에 **2**를 나눠 넣는다.
4 실온상태의 버터를 넣고 유화시킨 다음 키르슈 리큐르를 섞고 준비한 틀
   에 넣어 굳힌다.
5 샤브로네 작업 후 2.5cm×2.5cm로 재단한다.
6 템퍼링한 초콜릿에 디핑하여 장식한다.

Framboise Bonbon
후람보아즈 봉봉

재료

다크초콜릿 92g
산딸기 퓌레 72g
물엿 29g
무염버터 14g
후람보아즈 리큐르 7g

만드는 과정

색소작업(붉은색)

1 붉은색으로 몰드에 분사하기
2 화이트초콜릿으로 코팅하기(물라쥬)
3 가나슈 채우기
4 뚜껑 덮기

1 다크초콜릿을 30℃ 정도로 녹여준다.
2 물엿, 산딸기 퓌레를 냄비에 넣어 70~80℃까지 가열한다.
3 초콜릿에 나눠 섞고 실온상태 버터를 혼합하여 유화시킨다.
4 몰딩한 초콜릿 몰드에 후람보아즈 가나슈를 채운다.
5 가나슈가 충분히 굳은 후 템퍼링한 초콜릿으로 막아준다.

Bonbon Caramel
봉봉 캐러멜

재료

화이트초콜릿 80g
설탕 40g
생크림 70g
카카오버터 16g
칼바도스 술 5g

만드는 과정

1 냄비에 설탕을 넣고 밝은 갈색이 될 때까지 가열한다.
2 미리 데워놓은 생크림을 **1**에 넣고 캐러멜을 완성한다.
3 **2**가 식기 전에 미리 녹여둔 화이트초콜릿과 카카오버터를 넣고 섞어준다.
4 칼바도스 술을 넣고 유화시켜 준다.

Miel Praline
미엘 프랄린

재료

생크림 80g
꿀 15g
무염버터 24g
다크초콜릿 58g
밀크초콜릿 50g
아몬드 프랄리네 60g

만드는 과정

1 다크와 밀크초콜릿을 녹인 후 아몬드 프랄리네(프랄린)와 섞어준다.

2 생크림, 꿀을 살짝 끓여 **1**의 초콜릿과 섞어준다.

3 **2**에 마지막 버터를 넣는다.

4 몰딩한 초콜릿에 위에 만든 가나슈를 넣고 굳힌다.

5 가나슈가 다 굳으면 템퍼링한 초콜릿으로 막는다.

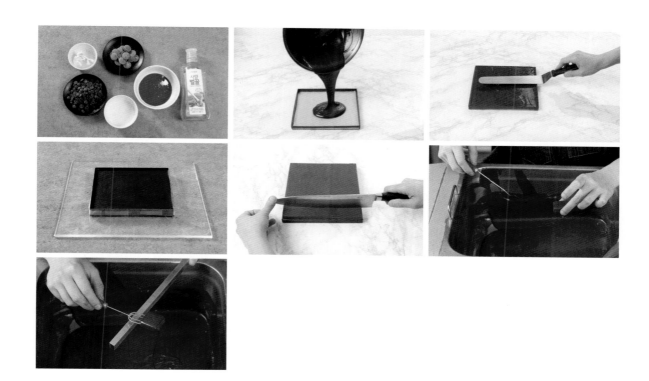

Cafe Croustillant
카페 크루스티앙

재료

A. 크루스티앙
밀크초콜릿 112g
코코넛 오일 28g
포요틴 10g

B. 카페 가나슈
생크림 60g
원두 간 것 6g
전화당 12g
화이트초콜릿 100g

만드는 과정

1   A. 크루스티앙의 코코넛 오일을 녹인 후 밀크초콜릿과 섞는다. 포요틴을 마지막으로 섞어 완성한다.

2   몰딩한 초콜릿에 크루스티앙을 먼저 짜고, 살짝 굳으면 식감을 위해 여분의 포요틴을 뿌려준다.

3   B. 카페 가나슈는 생크림, 원두 굵게 간 것, 전화당을 함께 살짝 끓여준다. 원두를 충분히 우려낸 뒤 체에 거른다.

4   화이트초콜릿을 녹인 후 살짝 식힌 다음 3번과 함께 섞어 유화시킨다.

5   마지막 버터를 넣어 B. 카페 가나슈를 완성한다.

6   A. 크루스티앙 가나슈가 굳으면 그 위에 B. 카페 가나슈를 채워 짠다.

7   가나슈가 다 굳으면 템퍼링한 초콜릿으로 막는다.

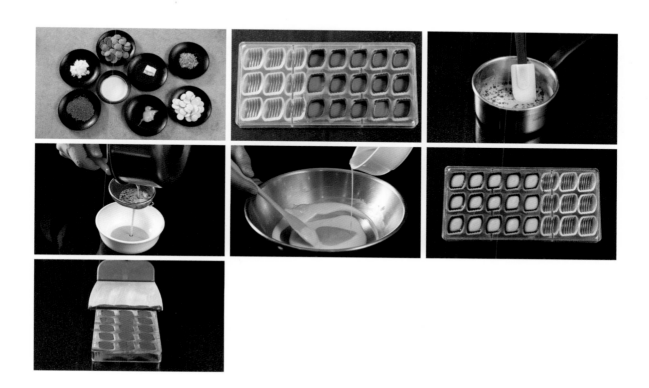

Lemon Log
레몬 로그

재료

화이트혼당 30g
무염버터 37g
레몬주스 11g
레몬 제스트 3g
화이트초콜릿 145g
슈거파우더 적당량

만드는 과정

1 화이트혼당을 주걱으로 부드럽게 풀어준 후 포마드 상태의 버터에 넣고 섞는다.

2 화이트초콜릿을 녹인 후 **1**번과 섞어준다.

3 레몬주스와 레몬 제스트를 살짝 데운 후 **2**번을 넣고 섞는다.

4 완성된 반죽을 조금 식혀 되기를 맞춘 후 원형 깍지에 담아 둥근 모양을 살려 짠다.

5 가나슈가 다 굳으면 약 3.5cm로 자른다.

6 가나슈의 밑면에 샤브로네 작업을 하고 굳으면 템퍼링한 초콜릿으로 디핑한다.

7 초콜릿이 굳기 전에 식힘망 또는 슈거파우더 위에 굴리면서 나무토막 자국을 만든다.

Mango Ganache
망고 가나슈

재료

망고 퓌레 95g
전화당 12g
밀크초콜릿 150g
무염버터 18g
트리플 섹 7g

만드는 과정

1 밀크초콜릿을 녹여 35℃ 정도로 녹여준다.

2 냄비에 망고 퓌레와 전화당을 넣고 70~80℃까지 가열한다.

3 밀크초콜릿에 **2**번 퓌레와 전화당을 붓고, 유화시킨다.

4 포마드 상태의 버터를 혼합시킨 후 트리플 섹 넣고 가나슈를 완성한다.

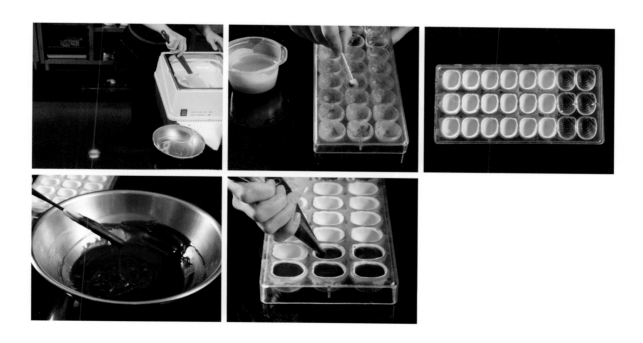

Ganache Jasmin
가나슈 자스민

재료

생크림 180g
자스민티백 6g
전화당 8g
다크초콜릿(66%) 112g
밀크초콜릿 65g
무염버터 8g

만드는 과정

색소작업(노란색, 주황색, 연두색): 옅은 색부터 진한 색 순서로 작업하기

1 노란색 색소를 칫솔에 묻혀 몰드에 가볍게 털어 도트무늬(점무늬)를 낸다.

2 주황색 색소를 칫솔에 묻혀 몰드에 가볍게 털어 도트무늬(점무늬)를 낸다.

3 연두색 색소를 칫솔에 묻혀 몰드에 가볍게 털어 도트무늬(점무늬)를 낸다.

4 화이트초콜릿으로 몰드 코팅하기(물라쥬)

5 가나슈 채우기

6 뚜껑 덮기

1 생크림이 끓으면 자스민을 넣고 향을 우려낸 후 체에 거른다.

2 155g을 계량하여 맞춘다(모자란 부분은 생크림으로 채운다).

3 뜨거울 때 전화당을 섞어준다.

4 잘게 다져서 녹인 밀크초콜릿과 다크초콜릿 66%에 **2, 3**을 부어 섞어준다.

5 35℃로 식혀 부드러운 상태의 버터를 섞어준다.

Passionfruit Bonbon
패션 후르츠 봉봉

재료

패션 후르츠 퓌레 100g
전화당 30g
솔비톨 30g
다크초콜릿 25g
밀크초콜릿 225g
카카오버터 25g
무염버터 65g
쿠앵트로 20g

만드는 과정

1 패션 후르츠 퓌레와 전화당, 솔비톨을 넣고 70~80℃ 정도로 끓인 후 식혀 놓는다.

2 다크초콜릿과 밀크초콜릿 그리고 카카오버터를 녹여 놓고 **1**과 섞는다.

3 부드러운 상태의 버터를 넣고 유화시킨 후 마지막 술 쿠앵트로를 넣는다.

4 몰딩한 초에 가나슈를 채운 후 17℃에서 굳힌다.

Vanilla Chocolate
바닐라 초콜릿

재료

생크림 120g
전화당 9g
바닐라빈 1/2개
다크초콜릿 179g
무염버터 19g

만드는 과정

색소작업(흰색, 검정색, 분홍색)

1 몰드에 흰색 색소를 칫솔에 묻혀 위에서 아래로 플라스틱 스크레이퍼 끝에서 튕겨준다. (아래에서 위로 튕기면 나에게 색소가 묻을 수 있다.)

2 몰드 윗면에 묻은 색소들은 키친타월로 닦아내야 몰딩 초콜릿과 색소가 섞이지 않는다.

3 다크초콜릿으로 몰드 코팅하기(물라쥬)

4 가나슈 채우기

5 뚜껑 덮기

1 바닐라빈과 생크림을 90℃로 데운다.

2 녹인 다크초콜릿과 전화당을 섞어준다.

3 믹서로 갈아준다.

4 포마드 버터와 35℃에서 섞는다.

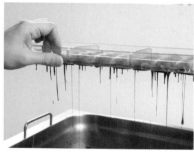  

Hazelnut & Cinnamon Ganache
헤이즐넛 & 시나몬 가나슈

재료

헤이즐넛 프랄리네 220g
헤이즐넛 페이스트 55g
밀크초콜릿 25g
카카오버터 47g
시나몬 파우더 2g
* 전사지 사용

만드는 과정

1 32℃ 정도로 카카오버터를 녹여 헤이즐넛 프랄리네, 헤이즐넛 페이스트, 녹인 밀크초콜릿을 넣고 섞는다.

2 1에 시나몬파우더를 섞는다.

3 높이 1cm의 준비한 틀에 넣어 17℃에서 24시간 동안 굳힌다.

4 샤브로네 작업 후 2.5cm×2.5cm로 재단한다.

5 템퍼링한 초콜릿에 디핑하고 전사지에 코팅된 면이 초콜릿과 닿게 한다.

6 L자 작은 스패출러를 이용하여 초콜릿에 잘 붙을 수 있도록 지그시 눌러준다.

7 완전히 굳은 후 전사지를 제거한다.

Hanrabong Ginger Ganache
한라봉 생강 가나슈

재료

A. 한라봉 가나슈
한라봉 마멀레이드 10g
한라봉 제스트 1/2개분
생크림 100g
전화당 6g
다크초콜릿(58%) 100g
다크초콜릿(75%) 50g
쿠앵트로 6g

B. 생강 가나슈
생크림 95g
생강즙 18g
밀크초콜릿 150g
다크초콜릿(70%) 13g
카카오버터 5g
* 씰링 왁스 스탬프 사용

만드는 과정

1 생크림, 한라봉 마멀레이드, 한라봉 제스트를 함께 끓인 후 전화당을 넣고 녹인다.

2 두 가지의 다크초콜릿을 넣어 유화시키고 마지막에 쿠앵트로를 넣고 섞어 A. 한라봉 가나슈를 완성한다.

3 준비한 틀에 A. 가나슈를 얇게(0.5cm) 펴주고 17℃에서 12시간 굳힌다.

4 B. 생강 가나슈는 생크림을 끓여 생강즙을 넣고 섞는다.

5 밀크초콜릿과 다크초콜릿을 넣고 **4**와 섞어 유화시킨다.(40℃)

6 녹인 카카오버터를 넣고 섞는다.

7 굳힌 A. 위에 B.를 1cm 높이로 펴준다.

8 17℃에서 12시간 굳히고 2.5cm×3cm의 크기로 재단한 후 디핑할 때 냉동고에 미리 넣어둔 스탬프로 장식한다.

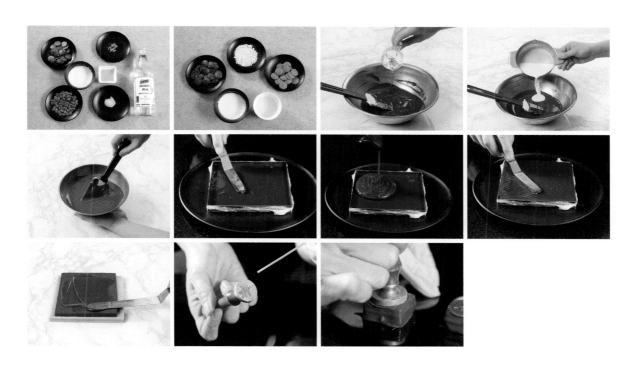

Ganache Rooibos Fruit
가나슈 루이보스 후르츠

재료

생크림 134g
레몬 제스트 1g
가나슈 루이보스 후르츠 7g
향 우린 물 110g
전화당 26g
솔비톨 33g
밀크초콜릿 120g
다크초콜릿 40g
화이트초콜릿 300g
무염버터 33g

만드는 과정

색소작업(빨간색, 노란색, 녹색)

1 노란 색소를 스펀지에 묻혀 몰드에 가볍게 그리기
2 녹색 색소를 스펀지에 묻혀 몰드에 가볍게 그리기
3 빨간색 색소를 스펀지에 묻혀 몰드에 가볍게 그리기
4 화이트초콜릿으로 코팅하기(물라쥬)
5 가나슈 채우기
6 뚜껑 덮기

1 생크림, 레몬 제스트를 끓인다.
2 가나슈 루이보스 후르츠를 첨가한다.
3 5분간 우려내고, 체에 거른 후 계량한다.
4 우린 110g에 전화당, 가루 솔비톨을 넣는다.
5 **4**를 녹인 밀크초콜릿과 다크초콜릿에 같이 섞는다.
6 포마드 상태의 버터를 **5**에 섞는다.

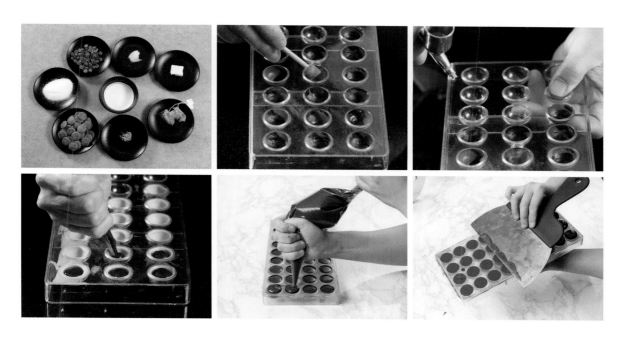

Grand Ganache
그랜드 가나슈

재료

생크림 195g
전화당 45g
다크초콜릿(70%) 217g
무염버터 42g

만드는 과정

1 생크림을 끓인 후 전화당을 섞어 완전히 녹인다.

2 다크초콜릿을 섞어 유화시키고 크림 상태의 버터를 섞어 38℃ 정도를 유지한다.

3 다 섞어 유화되면 준비한 가나슈 틀에 넣고 17℃에서 24시간 동안 굳힌다.

4 샤브로네 작업 후 2.5cm×2cm로 재단한다.

5 템퍼링한 초콜릿에 디핑하고 전사지에 코팅된 면이 초콜릿과 닿게 한다.

6 L자 작은 스패출러를 이용하여 초콜릿에 잘 붙을 수 있도록 지그시 눌러준다.

* 완전히 굳은 후 전사지를 제거한다.

Ganache Tropical Fruit
열대과일 가나슈

재료

우유 20g
패션 후르츠 퓌레 56g
망고 퓌레 32g
화이트초콜릿 32g
밀크초콜릿 176g
패션 리큐르 5g

열대과일 꽁뽀떼

패션 후르츠 퓌레 63g
망고 퓌레 31g
설탕 13g
젤리용 펙틴 3g

만드는 과정

1 냄비에 우유, 패션 후르츠 퓌레, 망고 퓌레를 넣고 끓인다.
2 **1**을 화이트초콜릿과 밀크초콜릿에 붓고 섞어준다.
3 **2**에 패션 리큐르를 섞어준다.

열대과일 꽁뽀떼 만드는 과정

1 냄비에 퓌레를 끓인다.
2 설탕, 펙틴을 **1**에 넣고 끓인다.

Orangette
오랑제트

재료

오렌지 3개
물 240g
다크초콜릿 250g
설탕 240g
당 절임한 오렌지로 대체 가능
피스타치오 간 것 20g

만드는 과정

1 오렌지 껍질은 베이킹파우더를 약간 뿌려 잘 닦아준다.

2 레몬이나 자몽의 경우 하얀 부분에 쓴맛이 많이 날 수 있어 물을 3번 정도 바꿔가며 데쳐내는 작업을 하나 오렌지의 경우 신선한 향을 보존하기 위해 생략한다.

3 펄프는 제거하고 껍질을 적당한 두께로 채 썰어 설탕, 물을 끓인 시럽에 넣어 담가 놓는다.

4 다음날 시럽을 따라내서 한번 끓여서 다시 부어준다. 3번 정도 반복한다.

5 실온에 하루 더 두어 설탕 결정이 생기기 시작하고 시럽이 굳어 있으면 살짝 끓인 후 채반에 올려 말린다.

6 완성된 당절임한 오렌지를 템퍼링한 초콜릿에 담갔다 뺀 후 굳힌다.

토끼 장식물 만들기

재료

화이트초콜릿
토끼 모형 몰드

만드는 과정

1   화이트초콜릿을 녹여 템퍼링한다.
2   붓으로 몰드에 초콜릿을 먼저 발라준다.
3   템퍼링한 초콜릿을 몰드에 채운다.
4   잠시 후에 뒤집어 초콜릿을 빼준다.
5   냉장고에 넣어 완전히 굳으면 빼준다.

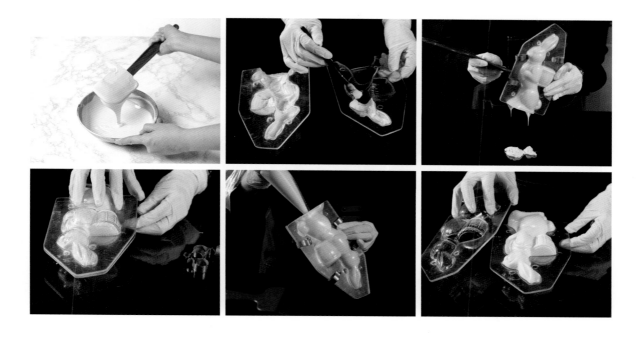

Chocolate Biscuit Choux
초콜릿 비스킷 슈

재료

초콜릿 비스킷 재료
박력분 74g
아몬드파우더 14g
황설탕 38g
다크초콜릿 16g
버터 70g

슈 반죽 재료
물 100g
우유 100g
버터 80g
설탕 4g
소금 2g
초콜릿 32g
강력분 120g
달걀 200g

초콜릿 비스킷 만드는 과정

1 실온에 둔 버터에 녹인 초콜릿과 황설탕을 잘 섞는다.

2 박력분과 아몬드파우더를 체 친 후에 넣고 잘 섞는다.

3 반죽을 얇게 펴서 냉장 휴지한 후 2mm 두께로 민 뒤 둥근 커터로 자른다.

슈 반죽 만드는 과정

1 물, 우유, 버터, 설탕, 소금을 냄비에 넣어 가열하고 끓으면 초콜릿을 넣어 녹인다.

2 체 친 강력분을 넣고 불 위에서 주걱으로 저어서 수분을 날린다.

3 달걀을 3~4회로 나누어 넣으면서 저어준다.

초콜릿 가나슈 재료

다크초콜릿 200g
생크림 250g
그랑마르니에 20g

만드는 과정

1 생크림을 끓인다.

2 초콜릿에 넣고 저어준다.

3 식으면 그랑마르니에를 넣고 저어준다.

Chocolate Tart
초콜릿 타르트

파트 사블레 재료

버터 175g
설탕 80g
달걀 1개
박력분 260g
베이킹파우더 2g

추가재료

다크초콜릿 200g

만드는 과정

1 상온에 둔 부드러운 버터에 설탕을 넣고 주걱으로 섞어준다.
2 달걀을 2~3회에 나누어 넣으면서 저어준다.
3 체 친 박력분, 베이킹파우더를 넣고 주걱으로 가볍게 섞어준다.
4 완성된 반죽을 비닐에 싸서 평평하게 만들어 냉장고에서 휴지시킨다.
5 반죽을 2~3mm로 밀어서 타르트 몰드에 넣고 구워낸다.
6 타르트 비스킷에 다크초콜릿을 녹여서 붓으로 칠한다.
7 초코 가나슈를 채운다.
8 타르트 가나슈가 굳으면 링 모양 깍지를 넣고 초콜릿을 짜준다.
9 초콜릿 장식물을 올린다.

가나슈 재료

다크초콜릿 330g
생크림 300g
버터 50g
아몬드 브리틀 적당량

만드는 과정

1 생크림을 끓인다.

2 다크초콜릿에 넣고 저어준다.

3 36℃ 정도가 되면 버터를 넣고 믹서로 가볍게 섞는다.

Ganache Brownie
가나슈 브라우니

재료

다크 커버춰 초콜릿 330g
버터 100g
바닐라에센스 소량
달걀 180g
설탕 210g
소금 2g
커피 4g
박력분 180g
베이킹파우더 8g
초코칩 100g
호두 60g

만드는 과정

1 호두를 오븐에 살짝 굽는다.
2 초콜릿과 버터를 같이 녹여준다.
3 달걀, 설탕, 소금, 커피를 넣고 거품을 올려준다.
4 박력분, 베이킹파우더를 체 친 후 섞어준다.
5 녹여 놓은 초콜릿과 버터를 넣고 섞어준다.
6 초코칩, 호두, 바닐라에센스를 넣고 가볍게 섞어준다.
7 준비된 몰드에 반죽을 채우고 오븐온도 160℃에서 20~25분간 굽는다.

초콜릿 장식물 재료

카카오버터 150g
다크초콜릿 350g

만드는 과정

1 전자레인지에 카카오버터를 녹인다.
2 중탕으로 초콜릿을 녹인다.
3 카카오버터와 초콜릿을 섞어준다.
4 중탕하여 온도를 30~33℃로 내린 다음 씌운다.
5 초콜릿이 굳으면 풍선의 바람을 빼고 자른 다음 사용한다.

Chocolate Souffle
초콜릿 수플레

재료

다크초콜릿 100g
우유 80g
설탕 20g
달걀노른자 2개
박력분 30g
코코아파우더 20g
바닐라에센스 소량
머랭 흰자 2개
설탕 60g

추가재료

버터, 설탕, 슈거파우더

만드는 과정

1   수플레 컵 안쪽에 버터를 바르고 설탕을 뿌려서 묻혀준다.

2   우유를 냄비에 넣고 불에 올려 살짝 끓기 직전까지 데운다.

3   우유를 초콜릿에 넣고 저어준다.

4   노른자와 설탕을 넣고 잘 섞어준다.

5   박력분을 체 쳐서 넣고 섞어준다.

6   흰자를 물기 없는 깨끗한 볼에 넣고 풀어준 후, 설탕을 두 번에 나누어 넣으면서 단단한 머랭을 만든다.

7   머랭을 두 번에 나누어서 섞어준다.

8   준비해 놓은 수플레 컵에 반죽을 담아 180℃로 예열된 오븐에 넣고 15~20분 정도 굽는다.

9   오븐에서 꺼내자마자 슈거파우더를 뿌려 고객에게 제공한다.

Fondont au Chocolate
퐁당 쇼콜라

재료

박력분 66g
버터 120g
다크초콜릿 130g
달걀 280g
설탕 160g
소금 2g
코코아파우더 10g

추가재료
다크초콜릿, 슈거파우더

만드는 과정

1 달걀을 풀어준다.

2 설탕, 소금을 넣고 거품을 조금 올려준다.

3 버터, 초콜릿을 녹여 넣고 섞어준다.

4 체 친 밀가루, 코코아파우더를 넣고 섞어준다.

5 반죽이 완성되면 랩에 싸서 상온에서 1시간 정도 휴지시킨다.

6 몰드에 30% 채운다.

7 중간에 다크초콜릿을 조금 넣어준다.

8 반죽을 채워서 오븐온도 180℃에서 8~10분간 굽는다.

9 오븐에서 꺼내면 준비된 접시에 놓고 슈거파우더를 조금 뿌려 제공한다.

Chocolate Mousse
초콜릿 무스 1

재료

노른자 60g
설탕 40g
다크 커버춰 초콜릿 160g
생크림(A) 100g
우유 100g
판 젤라틴 3장
생크림(B) 250g
깔루아 리큐르 10g

초콜릿 무스 바닥부분 재료

오레오 쿠키 120g
버터 45g

만드는 과정

1 오레오 쿠키를 밀대로 잘게 부순다.

2 버터를 전자레인지에 녹여서 넣고 섞어준다.

3 링 몰드 바닥을 랩으로 싼 뒤 쿠키를 넣고 얇게 펴서 눌러준다.

4 쿠키를 넣은 링 몰드는 냉장고에 넣어둔다.

5 젤라틴을 얼음물에 불린다.

6 볼에 노른자를 풀고 설탕을 넣고 저어준다.

7 생크림(A)와 우유를 뜨겁게 데운 다음 노른자에 조금씩 넣어가면서 저어준다.

8 불 위에 올려서 걸쭉한 단계까지 저어준다.

9 불린 젤라틴을 짜서 넣고 저어준다.

10 중탕으로 녹인 초콜릿을 섞어준 다음 깔루아를 넣고 섞어준다.

11 생크림(B)를 휘핑하여 반죽에 섞어준다.

12 준비된 몰드에 채워서 냉동실에 넣는다.

13 초콜릿 시럽 또는 글라사주로 코팅한다.

Chocolate Chip Cup Cake
초코칩 컵 케이크

재료

박력분 325g
버터 250g
소금 2g
설탕 220g
달걀 4개
초코칩 150g
베이킹파우더 4g
우유 75g
생크림 500g

만드는 과정

1 버터, 소금, 설탕을 넣고 부드럽게 해준다.

2 달걀을 조금씩 나누어 넣는다.

3 우유를 넣어준다.

4 밀가루, 베이킹파우더를 체 친 다음 넣고 반죽한다.

5 초코칩을 넣고 섞어준다.

6 컵에 80%의 반죽을 채운 다음 오븐온도 175℃에서 20~25분간 굽는다.

7 생크림을 휘핑하여 윗면에 짜준다.

Chocolate Madeleine
초콜릿 마들렌

재료

박력분 350g
설탕 400g
소금 2g
달걀 400g
코코아파우더 50g
버터 400g
베이킹파우더 10g

만드는 과정

1 밀가루, 코코아파우더, 베이킹파우더를 체 친 다음 볼에 넣는다.

2 설탕, 소금을 섞어준다.

3 달걀을 2~3회 나누어 섞어준다.

4 중탕으로 녹인 버터를 2~3회 나누어 섞어준다.

5 반죽이 완료되면 실온에서 1시간 휴지시킨 다음 몰드에 90% 채운다.

6 오븐온도 185~190℃에서 20분 전후로 굽는다.

Chocolat Classique
쇼콜라 클라시끄

재료

다크초콜릿 350g
버터 400g
노른자 15개
설탕(A) 150g
박력분 350g
코코아 50g
베이킹파우더 12g
흰자 15개
설탕(B) 350g
그랑마르니에 50g
슈거파우더 적당량

만드는 과정

1 다크초콜릿, 버터를 중탕으로 녹인다.(45℃)

2 노른자에 설탕(A)를 넣고 거품을 올린다.

3 녹인 초콜릿, 버터를 노른자에 섞는다

4 박력분, 코코아, 베이킹파우더를 체 쳐서 섞는다.

5 흰자, 설탕(B)를 사용해 머랭을 만들어 넣고 반죽한다.

6 160℃ 오븐에서 25~35분간 굽는다.

7 식은 후 윗면에 슈거파우더를 뿌려서 포장한다.

Chocolate Biscotti
초코 비스코티

재료

버터 120g
설탕 250g
달걀 2개
소금 2g
박력분 380g
아몬드파우더 60g
베이킹파우더 2g
코코아파우더 50g
홀 아몬드 200g

만드는 과정

1 버터, 설탕, 소금을 부드럽게 해준다.

2 달걀을 나누어 넣으면서 저어준다.

3 밀가루, 베이킹파우더, 코코아파우더, 아몬드파우더를 체 친 후 넣어서 반죽한다.

4 구운 아몬드를 섞어준다.

5 한 덩어리로 뭉쳐서 몰드에 채운다.

6 175℃에서 20~30분간 굽는다.

7 완전히 식으면 얇게 자른다.

8 팬에 놓고 다시 한번 굽는다.

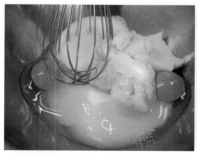

Walnut Ganache Chocolate
호두 가나슈 초콜릿

재료

생크림 250g
다크초콜릿 500g
호두 분태 200g

만드는 과정

1 호두 분태를 오븐에 구워 놓는다.
2 다크초콜릿을 볼에 넣는다.
3 생크림을 끓여 초콜릿에 부어준다.
4 3분 후 서서히 섞어준다.
5 구운 호두를 섞어준다.
6 굳으면 자른 다음 코코아파우더를 묻혀준다.

Chocolate Mousse
초콜릿 무스 2

재료

노른자 60g
설탕(A) 10g
흰자 60g
설탕(B) 50g
다크초콜릿 150g
생크림 200g

만드는 과정

1 노른자에 설탕(A)를 넣고 중탕하여 저어준다.
2 다크초콜릿을 녹여서 섞어준다.
3 흰자에 설탕(B)를 넣고 머랭을 만들어 가볍게 섞어준다.
4 생크림 거품을 올려 섞어준다.
5 글라스에 적당히 채워준다.

초콜릿 공예 작품

부활절 행사 초콜릿

발렌타인데이 초콜릿

참고
문헌

강현정 · 김미선, 그랑 라루스 요리백과, 초콜릿[chocolate]

브런치스토리(brunch.co.kr/brunchbook)

신길만, 제과제빵 재료학, 교문사, 2004, pp. 208-215

우리나라의 식품유형 중, 초콜릿의 규정, 초콜릿의 정의, 초콜릿의 종류,
  초콜릿의 분류(작성자 프랄린)

정한진, 초콜릿 이야기-이국적인 유혹의 역사, 살림, 2006, pp. 52-64

(주)Puratos Chocolate Theory

초콜릿 만들기(Km English 영어 회화 커뮤니티)(작성자 허규연)

https://silva-cacao.com/

PROFILE

신태화

현) 백석예술대학교 외식산업학부 전임교수
경기대학교 관광학 박사
대한민국 제과기능장
사)외식경영학회 부회장
전국자원봉사대상 국무총리 표창
JW Marriott Hotel Executive Pastry Chef
Sheraton Seoul Palace Gangnam Hotel Pastry Chef
제과명장, 제과기능장, 제과제빵기능사 심사위원
SEOUL INTERNATIONAL BAKERY FAIR 심사위원
U.S.C Cheese Bakery Contest 심사위원
ACADECO 심사위원
한국산업인력공단 NCS 제과제빵개발위원
한국산업인력공단 일학습병행개발위원
KBS 무엇이든 물어보세요, MBC, EBS 등 다수 출연
프랑스, 독일, 일본 단기연수
저서: 베이커리카페 창업경영론, 달콤한 디저트 세계, 제과제빵 이
　　론 및 실무, 제과제빵기능사 실기, 홈메이드 베이킹 외 다수

박혜란

현) 수원여자대학교 제과제빵과 전임교수
세종대학교 조리외식경영학 박사
신라호텔 서울 베이커리 근무
파크하얏트 호텔 베이커리 근무
사)한국조리학회 학술이사
한국제과제빵교수협의회 부회장
사)한국조리협회 상임이사 및 심사위원
사)대한민국명장회 기능경기대회 심사위원

박영빈

현) 대림대학교 겸임교수
현) 백석예술대학교 외래교수
경기대학교 외식경영학 석사
JW Marriott Hotel 근무
대구음식박람회 제과제빵공예부문 심사위원

조승균

현) 백석대학교 외식산업학부 제과제빵전공 주임교수
경기대학교 외식경영전공 관광학 박사
한양여자대학교 외식산업과 조교수
사)한국외식경영학회 부회장
㈜조선호텔베이커리 점장, MSV(위생, 품질담당)
대한민국 제과기능장
한국제과기능장협회 전시운영 위원장
제과기능장, 산업기사, 기능사 실기시험 감독위원
전국기능경기대회 제과제빵 부문 기술위원
중등학교 정교사 1급 교원자격

한장호

건국대학교 일반대학원 박사 수료
대한민국 제과기능장
한국조리협회 상임이사
제과제빵기능경기대회 심사위원
한국생산성본부 지역혁신역량위원
W서울 워커힐 호텔 베이커리 셰프
르네상스 호텔 제과부 근무
리츠칼튼 호텔 제과부 근무

최익준

현) 경민대학교 카페베이커리과 교수
조리학 박사
TopCloud Corporation Pastry & Bakery 총괄팀장
Banyantree Seoul Hotel Pastry & Bakery 부제과장
W Seoul Walkerhill Hotel Pastry & Bakery 수석조리사
호텔등급결정평가 전문 심사위원
제과산업기사 출제위원

저자와의
합의하에
인지첩부
생략

프로페셔널 초콜릿 테크닉

2025년 3월 5일 초판 1쇄 인쇄
2025년 3월 10일 초판 1쇄 발행

지은이 신태화 · 박영빈 · 박혜란
　　　　조승균 · 최익준 · 한장호
펴낸이 진욱상
펴낸곳 (주)백산출판사
교 정 성인숙
본문디자인 신화정
표지디자인 오정은

등 록 2017년 5월 29일 제406-2017-000058호
주 소 경기도 파주시 회동길 370(백산빌딩 3층)
전 화 02-914-1621(代)
팩 스 031-955-9911
이메일 edit@ibaeksan.kr
홈페이지 www.ibaeksan.Kr

ISBN 979-11-6567-984-2 13590
값 20,000원